作者简介

彭漪涟 重庆涪陵人。1956年毕业于东北师范大学。现为华东师范大学哲学系教授。曾任华东师范大学哲学研究所副所长、哲学系主任,兼任中国逻辑学会副会长、上海逻辑学会会长。享受国务院颁发的政府特殊津贴。著作有:《辩证逻辑述要》、《中国近代逻辑思想史论》、《逻辑规律论》、《事实论》、《冯契辩证逻辑思想研究》、《逻辑范畴论》、《趣味逻辑学》(获全国通俗政治理论读物二等奖)、《有趣的数理逻辑》、《普通逻辑》(集体获国家教委颁发的优秀教材一等奖)等。主编《逻辑学大辞典》等。

余式厚 1938年生,1961年毕业于杭州大学历史系,现任浙江大学城市学院传媒分院教授,讲授逻辑学、美学、哲学、口才学、宗教学、口语表达学、时尚与研究等课程,先后出版《智库》、《金字塔文库》、《走进逻辑》、《闯荡智力世界》、《谈话高手》等著作30余部。兼任浙江省逻辑学会常务副会长、浙江省口才学研究会会长等。

写给中学生的逻辑学

彭漪涟　余式厚　著

图书在版编目(CIP)数据

写给中学生的逻辑学/彭漪涟,余式厚著. —北京:北京大学出版社,2010.1
(未名·中学生学科基础读物丛书)
ISBN 978-7-301-16261-3

Ⅰ.写… Ⅱ.①彭… ②余… Ⅲ.逻辑学-青少年读物 Ⅳ.B81-49

中国版本图书馆 CIP 数据核字(2009)第 206880 号

书　　　　名：写给中学生的逻辑学
著作责任者：彭漪涟　余式厚　著
出　品　人：王明舟
策　划　编　辑：杨书澜
组　稿　编　辑：杨书澜
责　任　编　辑：舒岚　张杨
标　准　书　号：ISBN 978-7-301-16261-3/B·0855
出　版　发　行：北京大学出版社
地　　　　址：北京市海淀区成府路205号　100871
网　　　　址：http://www.pup.cn
电　　　　话：邮购部 62752015　发行部 62750672　编辑部 62750673
　　　　　　出版部 62754962
电　子　邮　箱：zpup@pup.cn
印　刷　者：三河市博文印刷有限公司
经　销　者：新华书店
　　　　　　720 毫米×1020 毫米　16 开本　11.25 印张　160 千字
　　　　　　2010 年 1 月第 1 版　2023 年 10 月第 17 次印刷
定　　　价：35.00 元

未经许可,不得以任何方式复制或抄袭本书之部分或全部内容。
版权所有,侵权必究
举报电话:010-62752024　电子邮箱:fd@pup.pku.edu.cn

前言

　　给中学生写一本适合于他(她)们阅读的逻辑读物,是我们多年来的愿望。为此,我们也曾作过一些初步的准备工作:如到中学里作一点中学生逻辑思维状况的调查,在报刊书籍中收集和积累一些与中学生逻辑思维状况有关的素材和资料等等。但由于种种原因,这些年我们的主要精力投入到了其他方面的研究和写作任务中去,以至为中学生写本逻辑读物的愿望长期未能实现。但是,这个愿望、这个决心,我们是一直未曾动摇过、放弃过。

　　正巧的是,去年下半年,北京大学出版社的杨书澜同志向我们约稿,编写一本写给中学生阅读的逻辑读物,这无疑给我们提供了实现上述多年愿望的新的机遇和动力。为此,我们愉快地接受了这个任务,集中了今年上半年的一段时间完成了书稿的写作。不过,由于我们已退休多年,和在校学生接触的机会少了,和中学生接触的机会就更少了。因此,在写作过程中,尽管我们力图尽可能联系中学生的逻辑思维实际、联系中学生的各门课程的学习实际,但我们毕竟同中学生已是相隔两代的老人了,我们对中学生各方面的情况都知之甚少,心灵上的沟通更加缺乏,在这种情况下写出的书稿,能否适应和满足中学生的需要,我们是深感忐忑的。为此,我们真诚地期望广大读者,特别是广大中学生读者批评、指正!

　　本书稿手稿写出后,曾蒙浙江大学余式厚工作室的部分同志录入电脑,华东师范大学哲学系的晋荣东教授对书稿进行了最后审读

和校订,改正了表述中的一些错漏之处,并对整个书稿的标题、引文等作了一定的规范化处理。在此,谨向他们表示最深切的谢意。

最后,对北大出版社的杨书澜同志和有关编审、出版、发行的同志,我们要表示深深的谢意!本书提供了我们作为《逻辑新时空丛书》中个别书目的作者同出版社再次合作的平台。通过这些合作,我们深切感受到了他(她)们的热情、关心和信任。这种在作者和出版社同志之间的真诚合作,让人感受到的,不仅是书稿可能问世带来的愉悦,更多的却是那种在市场经济条件下极为难得的人与人之间的真诚、信任所带给我们的温暖、舒心和慰藉。

作者

2009 年 6 月

目录

绪　论　中学生应当学点逻辑 / 1
　　一、什么是逻辑学 / 1
　　二、为什么中学生必须学习一点逻辑学 / 4

第一章　概念要明确 / 6
　　一、什么是概念 / 6
　　二、什么样的概念是明确的 / 10
　　三、如何做到概念明确（上）
　　　　——明确概念的两种主要方法：定义和划分 / 13
　　四、如何做到概念明确（下）
　　　　——明确概念常用的一些辅助方法 / 25

第二章　判断要恰当 / 32
　　一、什么是判断 / 32
　　二、什么样的判断是恰当的 / 35
　　三、如何做到判断恰当 / 39

第三章　推理要合乎逻辑（上）
　　　　——简单命题及其有效推理 / 59
　　一、什么是推理 / 59

　　二、什么样的推理才是合乎逻辑的 / 61

　　三、简单命题及其有效推理 / 65

第四章　推理要合乎逻辑(下)
　　　　——复合命题及其有效推理 / 94

　　一、什么是复合命题及其推理 / 94

　　二、负命题及其有效推理 / 96

　　三、联言命题及其有效推理 / 99

　　四、选言命题及其有效推理 / 103

　　五、假言命题及其有效推理 / 110

第五章　思维要合乎逻辑规律的要求 / 131

　　一、同一律 / 131

　　二、矛盾律 / 138

　　三、排中律 / 143

第六章　或然性推理也应合乎逻辑 / 148

　　一、归纳推理 / 148

　　二、类比推理 / 154

　　三、假说 / 157

第七章　论证要有说服力 / 162

　　一、什么是论证 / 162

　　二、什么样的论证是有充足理由的,因而是有说服力的 / 165

　　三、怎样才能做到论证有充足理由,因而有说服力 / 167

编辑后记 / 175

绪论
中学生应当学点逻辑

一、什么是逻辑学

中学生应当学点逻辑是指中学生应当学一点作为科学的逻辑学。中学生为什么要学点逻辑学呢？为了弄清这个问题，就必须首先弄清什么是逻辑学。为此，我们且从唐代著名诗人白居易所写的一首题为《夜雪》的五言短诗谈起：

已讶衾枕冷，复见窗户明。
夜深知雪重，时闻折竹声。

这是一首写夜晚下大雪的诗，全诗的每一句都紧紧围绕"夜雪"这一主题。然而，全诗中却没有一句是表明作者亲眼见到夜里在下着大雪的，而只是作者通过对一系列相关事物情况的感知，包括视觉和听觉来推知夜里下过大雪这一事实的存在的。比如，第一句是通过忽然感觉到"衾枕"的寒冷而推知是在下雪了；第二句是通过深夜里看到窗户格外明亮而意识到这是积雪的强烈反光而引起的，由此推知雪下得很大，积得很厚；第三、四句则是通过听到竹子不断折断的响声而推想到这是由于深夜雪大而使竹枝和竹叶上积雪过重而引起的……总之，诗中这种基于形象思维的联想活动而对"夜深

知雪重"的情境描绘,同时也表现了人类思维不同于感觉、知觉的一个重要特征:思维的间接性和概括性,即基于经验的概括,而能以某些直接感知到的事实、现象为中介,间接地推知另一种事实或现象的存在。而思维的这种间接推知过程又主要是以逻辑推理的形式表现出来。比如,《夜雪》一诗中的第三、四句就包含着下述这样一个推理:

只有夜深雪重(压断竹子),才会时闻折竹声
时闻折竹声
─────────────────────
所以,夜深雪重

这就是人们在思维过程中所运用的一种最重要的思维形式:推理。然而,要进行推理,就离不开运用判断,这从前述推理中即可看出,推理就是由作为推理根据即前提的判断而推出作为推理结论的判断的。这就说明推理是由判断所组成的。而判断又离不开概念,因为,各种各样的判断又都是分别由各种概念所组成的。这就是说,人们的思维活动和思维过程不仅离不开推理,也离不开判断和概念。人们思维的过程就是一个运用概念以形成判断,并运用判断以进行推理的过程。而由于人们的思维过程是一个对现实的反映过程,思维反映现实的内容可以千差万别,但它用以反映现实的形式却总是概念、判断和推理。正是在这个意义上,人们就把概念、判断、推理称为思维的形式即思维形式。大体说来,逻辑学就是研究这些思维形式的一门科学。

那么,逻辑学又是如何来研究这些思维形式的呢?

首先,从前述推理可见,概念、判断、推理等思维形式都是通过相应的语词、语句和复句来表达的,因此,逻辑学就只能是结合语言来研究思维形式的。比如,对概念的研究就是通过语言中的语词来进行的,表达概念的语词就是逻辑学中所说的词项。对判断的研究就是通过语言中的语句来进行的,表达判断的语句就是逻辑学中所说的命题。所以,也可以说逻辑学是通过研究词项、命题来研究推理的。

其次,逻辑学在研究由概念组成的判断和由判断组成的推理时,并不是要去研究一个个具有具体内容的概念、判断和推理(比如具体的物理概念、数学概念),而只是去研究它们所分别具有的最一般的形式。比如,"只有夜深

雪重,才会时闻折竹声"就是一个判断,而且是一个由两个简单判断("夜深雪重"和"时闻折竹声")通过"只有……才……"联结起来的较复杂的判断。与此同类的判断还很多。比如,"只有年满十八岁,才有选举权"。很明显,这两个判断所断定的具体内容是各不相同的,但如果我们分别用"p"、"q"来表示其中用"只有……才……"联结起来的两个判断,那么,这两个内容各不相同的判断就有下述共同的判断形式:

　　只有 p、才 q

同样,下述推理:

　　只有年满十八岁,才有选举权
　　小李有选举权
　　————————————
　　所以,小李有十八岁

和前举"夜深知雪重"的推理在具体内容上是完全不同的,但它们却有下述共同的推理形式:

　　只有 p,才 q
　　　　　q
　　————————
　　所以,p

上述的判断形式和推理形式在逻辑学上就统称为逻辑形式。逻辑学在研究概念、判断、推理等思维形式时,要研究的并不是各种具有具体内容的概念、判断和推理,而只是上述所说的这种逻辑形式。

最后,还必须明确:逻辑形式可以是正确的,逻辑学通常称之为是有效的;也可以是不正确的,即无效的。学习逻辑学的一个重要任务,就在于通过对相关知识的学习,能够正确区分哪些逻辑形式是正确的、有效的,也就是符合逻辑的;哪些是不正确的、无效的,也就是违反逻辑的。而区分和识别一个逻辑形式的正确与错误、有效与无效,其标准就在于视其是否违反逻辑思维规律的要求,视其是否违反了该逻辑形式必须遵守的逻辑规则。所以,逻辑学在研究各种逻辑形式时还必须着重研究这些逻辑形式的规律和规则。正是因此,逻辑学就可以定义为是一门研究思维的逻辑形式(主要是推理形式)

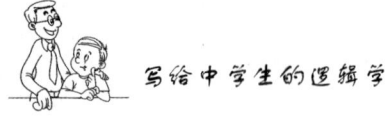

及其规律的科学。

二、为什么中学生必须学习一点逻辑学

为了说明这个问题,我们还是先看看我们曾对上海市几所中学部分学生逻辑思维状况所作的一项调查吧!在为该次调查所写的调查报告中有如下一段叙述:

为了了解中学生对一些基本的推理形式的实际掌握情况,我们在一所中学的高中毕业班举行了一次小测验,要求学生以"团员是青年,我是青年"作为推理前提去推出结论。结果,在参加测验的45个人中,竟有29人直接推出结论:"我是团员",占总数的64%。能较正确的陈述理由,说明不能由此得出必然结论者(当然并不要求从三段论规则上予以准确说明,只要求讲清一般道理),仅4人,占10%还不到。而在另一所中学的初中毕业班里,我们按上述推理形式拟定了一个结论在事实上是正确的三段论("中学生是在中学学习的,王英是在中学学习的,所以,王英是中学生"),要求同学辨别该推理的对错,结果,100%的同学回答说该推理是正确的。而就充分条件假言推理进行的一次测验中,也是100%的同学由否定前件到否定后件,由肯定后件到肯定前件(这是违反该类推理的规则的,后面将会讲到)。

上述调查所显示的部分中学生的逻辑思维能力和逻辑素养的状况是不容忽视的,是应当引起我们广大的中学生高度警觉的。应该看到,随着我国现代化建设的快速发展,在社会公共语言越来越活跃和丰富的同时,也不断出现了不同程度的逻辑混乱、语言失范的严重现象,这无疑是同我们社会的现代化发展不相适应的,而且也是同我们在中等学校的教育工作中对学生逻辑素养的培育缺乏足够重视紧密相关的。为此,就不仅要求每一个传媒工作者、每一个教师,而且要求作为未来社会生活的参与者的广大中学生都能认真地学一点逻辑、懂一点逻辑,自觉地从各方面努力提高自己的逻辑思维能力和逻辑素养,来共同建构一个人人正确思维和有效交际的良好环境,这既是提高我们国家软实力的迫切需要,也是提高整个国民素质所必须的。

另外,还必须强调的是:由于逻辑学作为一门研究思维形式及其规律的科学,主要是一门工具性、基础性的学科,这一点,对于广大中学生来说,还具有更加特殊的重要性和更加迫切的现实意义。为什么呢?

最根本的原因是：中学生的基本任务是在于学习,这既包括在课堂中学习各门基础的科学知识,也包括在校内外向老师、向家长、向同学、向社会学习如何做人、做事的各种知识和本领。而这整个的学习过程从根本上说都是一个不断进行逻辑思维的过程。因此,一个中学生逻辑思维的水平和能力的高低就不仅会直接影响到他(她)当前学习各门基础学科的质量和效率,而且还将影响和制约着他(她)的其他方面能力,比如观察力、注意力、记忆力、想像力、思考能力,以及作为这些能力的综合表现的科研能力、创新思维能力和自我深造能力等等的发展和水平,并最终将在不同程度上影响到他(她)未来的独立工作能力、为人处事的能力以及社会交往的能力。这表明对一个中学生来说,逻辑思维能力和素质的培养乃是其整个素质培养的基础和核心。因此中学生在学习的过程中,不仅要重视各门功课基础知识的学习,更应重视自己逻辑思维能力和素质的培养与锻炼。

自然,培养逻辑思维能力不限于学习一点逻辑原理和知识。事实上,从小到大,一个人都不断地在从自己所接触的人群中,特别是从父母那里,从各级学校的老师那里,从他们的谈话、办事中,从他们的系统讲课中,经受着逻辑思维的训练,培养着自己逻辑思维的能力。但是,这大多是自发的,是知其然而不知其所以然的。如果我们能自觉地学习一点逻辑,懂得并掌握正确思维的规律和规则,那就有可能更快、更自觉地符合逻辑地思维、更敏锐地去识别和纠正不符合逻辑的错误的思维,从而更有效地提高自己逻辑思维能力。这样,就不仅会极大地提高自己学习各门学科的质量和效率,也必将有助于提高自己各方面的能力,从而推动自己在德、智、体、美等诸方面的全面发展,把自己培养成为社会主义现代化建设所要求的新一代合格建设者。这也就是我们所以要再次倡导中学生学一点逻辑的根本原因。

第一章
概念要明确

一、什么是概念

1. 一位小学老师的自然课
——谈如何理解和形成概念

下面是一位小学教师在一年级的自然课中引导学生逐步理解和形成"动物"概念的对话过程:

老师:鸡、鸭、猪是动物还是植物?

学生:是动物,不是植物。

老师:为什么说它们是动物呢?

学生:因为它们都会叫唤,而植物不会叫唤。

老师:对吗? 蚯蚓是不是动物?

学生:是。

老师:蚯蚓不是不会叫唤吗?

学生:蚯蚓会爬,会爬会走的都叫动物。

老师:鱼不会爬,不会走,只能在水里游动;鸟会飞,它们不是动物吗?

学生：它们是动物，因为，它们都会活动，能活动的东西才叫动物。

老师：对了，能活动的东西才叫动物。可是飞机会飞，也会活动，是不是动物呢？

学生：不是。飞机自己不会飞，是人开动的，它没有生命，是人造的。

老师：对了，能自己活动的，有生命的，才叫动物。

很明显，这位老师是在通过引导学生逐步去识别动物和其他非动物对象的不同特点，而使学生初步理解了"动物"这个概念的。当然，小学生对概念的理解必然还是很肤浅的，但他们总是在不同程度上把握了概念所反映的对象的特点或本质（与其他对象的区别点在不同层次上反映了对象的本质），这就基本满足了形成概念最主要的要求。由此，我们也就可以给概念下这样一个定义：

概念是通过揭示对象的特点或本质来反映某个或某类对象的一种思维形式。

由这个定义可见，概念对一定对象的反映，总是包括两个方面：一是反映对象所具有的特点或本质，比如，前述"动物"概念所反映的形形色色动物所共同具有的能活动、有生命等特点或本质；另一方面是反映具有这些特征或本质的一个个或一类类对象，如各种各样的动物。对象的特点或本质反映在概念中，就构成了概念的内涵；而被概念所反映的一个个、一类类对象，就成为概念的外延。

任何一个概念都包含有内涵和外延这两个方面，它们构成了概念最基本的逻辑特征。

比如，数学老师在解释什么是"奇数、偶数"时说：

奇数：不能被2所整除的整数。如+1、-1、+3、-3……

偶数：能被2所整除的整数。如0、+2、-2、+4、-4……

这是对"奇数"和"偶数"分别提出的定义。这两个定义中的前一句话及其表达的判断是分别对"奇数"和"偶数"概念内涵的揭示；后面的"如……"则分别是对这两个概念外延的列举。因此，要正确理解和把握一个概念，就

必须正确理解和弄清概念的内涵和外延。

根据上面对概念的说明还可看出，

概念作为一种思维形式是看不见、摸不着的。它必须借助于一定的物质材料才能存在和表达出来。

这种物质材料就是语言中的语词。比如，前述一年级小学生形成"动物"概念的过程，就是借助于现代汉语中的"鸡"、"鸭"、"猪"、"蚯蚓"、"鱼"、"飞机"以及"叫唤"、"游动"、"自己活动的"、"有生命的"……这样一些语词来逐步完成的。离开了这些语词（"鸡"、"鸭"、"猪"、"动物"等），概念就无从表达，自然也就无法存在。事实上，任何一个概念我们都是通过相应的语词或词组来表达的。比如，在现代汉语中，就是"鸡"、"鸭"、"鱼"、和"动物"这些语词来表达鸡、鸭、鱼、动物等概念的；在英语中则是用"chicken"、"duck"、"fish"和"animal"等语词来表达鸡、鸭、鱼和动物这些概念的。

这些能表达概念的语词也就是逻辑学中所说的词项。在现代汉语中，一般地说，语词中的名词、代词、数词、量词、动词、形容词等可以表达概念，因而可充作词项；当语词中的副词、连词等具有一定含义时也可表达概念；而语助词、象声词等没有实际含义，因而也就不能表达概念，不能充作词项。

2.《宿山房即事》说明了什么?
——不同语词可以表达同一个概念

宋太宗雍熙年间,有个自认为诗才横溢的人写了一首《宿山房即事》:

  一个孤僧独自归,关门闭户掩柴扉。
  半夜三更子时分,杜鹃谢豹子规啼。

这一首所谓的诗,都是用同义词或近义词写成的。啰啰嗦嗦,反反复复,诗味不多,但它却表现了概念同语词之间的区别,即二者并非完全是一一对应的。比如,在第一句中,"一个"、"孤"僧、"独自",虽然语词不同,表达的却是同一个概念("独个");第二句的"关门"、"闭户"、"掩柴扉",语词形式不同,表达的概念仍是同一个概念("关门");第三句的"半夜"、"三更"、"子时分",语词形式还是不同,表达的却是"半夜"这同一个概念;第四句中"杜鹃"、"谢豹"、"子规",其中后二者是杜鹃的别名,因而这三个语词所表达的仍然是反映同一个对象的同一个概念。这就清楚表明,同一个概念不仅可以用不同的民族语言(比如汉语或英语)来表达,即使是在同一民族语言中,也可用不同的语词来表达。

3. 小王买书"讲"了些什么?
——同一语词可以表达不同的概念

先来看以下这幅图:

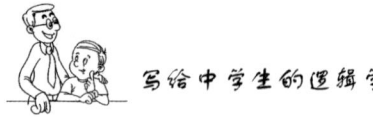

　　高一班学生小王,在地摊上看到了一本讲逻辑的通俗读物,他高兴得连话也讲不出来,急忙同摊主讲价儿。摊主说:"这本书讲表面是旧了点,但讲内容确实很精彩,想要个高价钱。"小王却回答说:"什么表面旧了点,是你不讲卫生把书弄得脏兮兮的,还能要什么高价呢?"

　　在这幅图表达的故事中,"讲"这个语词一共用了五次,但每次所表达的却是不同的概念。即分别表达了"讲述"、"说"、"商量、商议"、"就某方面而论"、"讲求、讲究"这五个不同的概念。这也就是说,同一个语词在不同的语境中是可以表达不同的概念的。而这一点,是我们在言语或写作中应当特别注意的。否则,如果把同一语词在不同语境中所表达的不同概念误认为是同一的概念,就会犯混淆概念的逻辑错误。

　　比如,有一个中学生,到农村去参观后写了一篇作文,其中有这么一段:

　　　　我这次到农村去,看到广大农民生产热情空前高涨,大灾之年,夺得了大丰收,使我受到深刻的教育,思想也大有提高。我一定要珍视这次大丰收,把它贯彻到自己的日常生活学习中去。

　　其中的"大丰收"这个语词出现两次,但两次表达的概念不尽相同,前一次表示"农作物大丰收",后一次表示"思想上的大丰收"。而在这位中学生的叙述中却将它们混同起来了,使人感觉到他是要把这次"农作物大丰收",贯彻到自己日常生活学习中去。

二、什么样的概念是明确的

1."做裁判工作的,将开除出联赛",对吗?
　　——语词对概念的表达必须是明确的

2006年3月1日上海某报一条体育消息的标题是:

　　篮管中心告诫各俱乐部:做裁判工作的,将开除出联赛

2004年7月安徽某报的一则新闻标题是：

网吧接纳未成年人：三次"死亡"

上述第一个标题中的"做裁判工作的"一词作为词项，表达的概念显然是不明确的。因为"做什么工作的"一词在一般读者看来，只能理解为是指"从事什么工作的"。因而"做裁判工作的"一般只能理解为是从事裁判工作的，即以裁判工作为其职业的人，而这样的人"将开除出联赛"，显然难以让人理解。而读过该消息的具体内容后才明白这一语词指的是那些为了使裁判弄虚作假、吹黑哨而对裁判进行贿赂、拉关系的人。对这样的人，篮管中心决心将其开除出联赛，自然就是可以理解的，也是正确的。

上述第二个标题的"三次'死亡'"更让人摸不着头脑。读过正文后才知它说的是安徽省人民政府出台了《安徽省互联网上网服务营业场所管理办法》，该《办法》对网吧接纳未成年人进行了规定：第一次将给予警告和罚款，如犯第二次，除交纳罚款外，还将被责令停业整顿。如犯第三次，除交纳罚款外，还将面临"死亡"，被吊销《网络文化经营许可证》。可见，标题中的"三次'死亡'"是指"接纳未成年人三次，网吧'死亡'"。而该标题本身是根本未能明确表示出这一点的。因此，它所表达的概念是不明确的，因而是使人不知所云，莫名其妙。

要想概念是明确的，首先必须是词项对概念的表达是明确的，具体一点说，即在一定的语言环境中，一个语词、词项表达什么概念必须是明晰的，而不能是有歧义的或者是含糊的。这可以说是对词项、概念本身提出的要求。

2. "犬儒"何能装"巨人"？
——对概念的理解和使用必须是明确的

某书中有这样一句话：

本是犬儒，何必装作巨人。

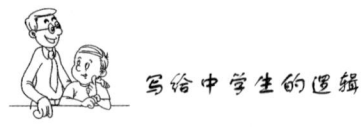

某刊物在介绍某单位人才资源时用了这样一句话:

　　副教授中另有两人正在攻读在职博士。

　　上述两句话都有逻辑错误。原因都在于对所使用的概念不明确而导致了概念的误用。前者的误用在于作者对"犬儒"这一语词及其所表达的概念不明确,把作为古希腊哲学流派之一的犬儒学派中的"犬儒"概念同汉语中"侏儒"一词所表达的概念混淆起来而将"犬儒"当作"侏儒"来使用了。后者的错误在于"博士"指的是学位的一个等级,是表明专门人才专业水准的称号,没有什么"在职"与"不在职"的区分。所以,例中所谓"在职博士"的提法是根本不能成立的。其所以会出现这样的提法,归根到底是由于作者对"博士"这一概念的内涵和外延还不够明确,这从他把有副教授"在职攻读博士学位"不适当地称为"攻读在职博士"中即可明显看出,这是把攻读博士学位的方式、途径可以有"在职"与"不在职"的区分误解为"博士"本身有"在职"与"不在职"的区分。因此,如能将这句话改为"副教授中另有两人正在在职攻读博士学位",就可避免上述误解从而使概念不仅明确,而且十分准确。

　　以上两例说明,要使一个语词(词项)或概念是明确的,就语词而言,就必须明确其指称(即明确该语词可以用来指示,称呼什么对象)和明确其所表达的概念(即明确一个语词的含义);就概念而言,就必须明确一个概念反映的是哪些对象以及该概念反映的对象具有什么样的特点或本质。

　　明确概念,就是必须明确概念的内涵与外延。

　　也只有概念是明确的,人们对概念的运用、包括以之为组成要素而形成的判断、推理,才有可能是明确的,无歧义的。正因此,概念要明确也就构成了逻辑学对概念的基本要求。

　　那么,又怎样才能做到概念明确呢?我们可以运用哪些方法帮助我们做到概念明确呢?下面,再具体说明和分析。

三、如何做到概念明确(上)
——明确概念的两种主要方法:定义和划分

如前所述,所谓概念明确就是指概念的内涵和外延是明确的,即懂得一个概念的内涵是什么,外延有哪些,并能准确地将其揭示和表述出来。否则,如对概念的内涵和外延都混无所知或者仅为一知半解,那是谈不上做到概念明确的。

明确概念也就相应有两种主要的方法:一是揭示概念内涵的逻辑方法,这就是我们通常运用的下定义的方法;一是揭示概念外延的逻辑方法,这就是我们通常运用的划分的方法。

1. 从李白给"天地"、"光阴"所下定义谈起
——什么是下定义的方法

李白在《春夜宴桃李园序》一文中的起始两句是:

夫天地者,万物之逆旅。光阴者,百代之过客。

什么是定义?这就是定义,这就是唐代著名诗人李白对"天地"、"光阴"这两个概念分别下的两个定义。前者断定天地就是万事万物的客舍,后者断定光阴乃是百代匆匆来去的过客。从现代科学观点来看,对"天地"(宇宙空间)和"光阴"(时间)这两个概念所作出的上述定义,自然不能认为是科学的,但它们毕竟反映了李白所处时代对这两个概念的认识和理解水平。

其实,对于定义,人们是非常熟悉的,也是在经常熟记和运用着的。比如,当我们进入教室翻开教科书或听老师讲课时,常常都会看到或听到下面这样一些给概念所下的定义。

(1) 基数就是用于表示事物个数的数。如"三个同学"中的"三"。

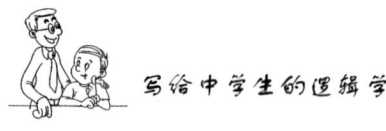

(2) 所谓力学是研究物体机械运动规律及其应用的科学。

(3) 人们在生产过程中发生的社会关系叫做生产关系。

(4) 提请立法机关审议的法律草案谓之法案。

以上是在一些学科中常见的定义例子。在这些例子中，被下定义的概念的内涵各不相同，涉及的学科也各种各样，而且，其语言表述方式也有所不同，但它们都在完成一个共同的任务：把隐藏在概念之中的内涵，用一句话或者说一个命题把它清楚地表达出来，让人们一见就可以了解其所定义的概念的内涵，从而获得对概念内涵的明确把握。

所谓定义简单地说就是揭示概念内涵的一种逻辑方法。正因此，它也就成为明确概念的一种主要方法。

如将上述各例再仔细分析一下，就可清楚看到这些定义所涉概念虽然各异，表述方式也有所不同，但作为定义它们有着共同的结构。第一，它们分别都有一个被定义的概念，如(1)中的"基数"，(2)中的"力学"，(3)中的"生产关系"以及(4)中的"法案"。第二，都还有一个用来揭示被定义概念的内涵的概念，如(1)中的"用于表示事物个数的数"，(2)中的"研究物体机械运动规律及其应用的科学"、(3)中的"人们在生产过程中发生的社会关系"等等，它们可称为"下定义的概念"。第三，还有一个把被定义概念与下定义的概念联结起来的联结词。如(1)中的"就是"，(2)中的"所谓……是……"，(3)中的"叫做"，(4)中的"谓之"等等。如果我们用"Ds"表示被定义的概念，用"Dp"表示下定义的概念，用等号"="表示定义的联结词，那么定义的结构就可表示为：

$$Ds = Dp$$

很明显，在这个组成结构中，下定义的概念是最关键的部分，因为被定义概念的内涵是靠它去揭示的。也正因此，它常常是用由多个语词所构成的词组来表达的，因而它也有着一个大致相同的结构。首先，它包含一个被定义概念的属概念(如果一个概念的外延包含另一个概念的外延，外延大者称为属概念，亦称上位概念；外延小者称为种概念，亦称下位概念)，如(1)中的

"数"概念就是被定义概念"基数"的属概念,(2)中的"科学"概念就是"力学"的属概念,(3)中的"社会关系"概念就是"生产关系"的属概念等等。其次,还包含一个乃是被定义概念同与之并列的其他种概念之间的主要差别的概念,即逻辑学上称为"种差"的概念,如(1)中的"用于表示事物个数"(这正是"基数"同与其并列的其他种概念,如"序数",之间最主要的差别所在);(2)中的"研究物体机械运动规律及其应用"(这正是"力学"作为一门科学同与之并列的其他一切科学主要区别之所在)……由此可见,下定义的概念的构成是:种差+邻近的属概念。

下定义概念中的种差指的是被定义的概念与其他并列概念之间的差别,它实际上也就是被定义概念所反映的对象的特点或本质,所以定义的结构一般也就可以表述为:

被定义的概念＝种差+邻近的属概念

由此可以看出,给一个概念下定义,实际上也就是给概念所反映的对象下定义。比如,把"人"这个概念定义为"人是能思维的,能制造劳动工具的动物",这实际上也就是给古往今来的人这类独特的动物在下定义。

不过,也有一种定义,它们并不是去揭示一个语词所表达的概念的内涵,而只是对语词所表达的概念作出说明或规定。这是给概念下定义的一种辅助方法。如:

(5)"犊"表示小牛。

(6)"五讲四美"是指讲道德、讲文明、讲礼貌、讲秩序、讲卫生。做到心灵美、语言美、行为美、环境美。

它们都是语词定义。前者是对"犊"这个语词所表达概念("小牛")的说明,称为说明的语词定义;后者是对"五讲四美"这一语词(词组)所表达概念的一种规定,称为规定的语词定义。相对于这种仅仅是对语词本身作出说明或规定的语词定义,此前介绍的各种揭示语词所表达的概念的内涵的定义统称为真实定义或本质定义。

不过,无论是何种定义都存在着一个定义是否科学、准确的问题,那么如何才能通过下定义准确揭示出被下定义概念的内涵,从而使定义下得正确,

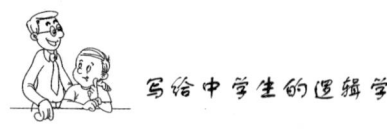

达到从内涵上明确概念的目的呢?这就必须遵守下定义的有关规则。

2. 所谓"郁闷就是挫折感"吗?
——下定义应遵守的规则

《报刊逻辑与语言病例评析》一书,曾评析了下述定义:

在生活和学习中,有时候自己想法不被人理解,做事方式不被人认可,观点意见没被人采纳。这种挫折感,就是常说的郁闷。

这段话的最后一句就是对"郁闷"概念所下的一个定义。对此,该书明确指出"这个定义犯了定义过窄的逻辑错误……文中所说的'这种挫折感'只能是'郁闷'的一种表现形式而非全部,因此作为定义是不恰当的。"这就是说,下任何一个定义都必须满足一定逻辑要求,遵守一定的规则。违反了这些规则,定义就会是不正确的、不恰当的。那么,下定义有哪些规则呢?还是先看看下面几个例子:

(7) 一位出过杂文集的编辑,参加高等学校自学考试,在回答"什么是杂文"一题时却得了个零分。这位编辑的答案是:"杂文是文艺性的评论",而阅卷的标准答案则为"形象思维和逻辑思维的结合"。因此,这位杂文编辑对该题的回答得分为"零"。

(8) 某报在载文论述什么是宗教信仰自由时,作出了这样一个定义:"宗教信仰自由就是信仰某种宗教的自由。"

上述两段话里包含着两个定义,它们都涉及被定义概念的外延与下定义概念的外延是否相等的问题。前述定义的结构:"被定义的概念=种差+邻近的属概念"告诉我们,被定义的概念与下定义的概念(由种差加邻近的属概念所构成)在外延上应当是相等的,或者说是重合的。这是从定义的结构式中的等号("=")就可直接看出来。如果两者外延不相等,那就意味着下定义的概念在外延上或是多于或是少于被定义的概念,这样它对被定义概念内涵的揭示就或者过多了或者不完全了。而上述两个定义恰好分别存在着这方面的逻辑错误。(7)中的标准答案把"杂文"定义为"形象思维和逻辑思维的综合",这固然是一个正确的判断,但却不是一个正确的定义,因为"形象思维

和逻辑思维的综合"作为下定义的概念,其外延明显大于被定义概念"杂文"的外延(比如,小说、剧本等等难道不可以说都是形象思维和逻辑思维的综合吗?)。这在逻辑上是犯了"定义过宽"的逻辑错误,就如我们把"中学生"定义为"就是在学校读书的学生"一样。(8)的错误则与(7)正好相反,其下定义概念的外延明显少于被定义概念的外延,因为宗教信仰自由首先是说有信仰宗教的自由,也有不信仰宗教的自由,其次才是信仰这种或那种宗教的自由。而(8)对"宗教信仰自由"的定义却只讲了后一层次的自由,而丢掉了前一层次的自由,这就未能把被定义概念的全部外延揭示出来。这在逻辑上就是犯了"定义过窄"的逻辑错误。

定义过宽和定义过窄都会使得被定义概念的外延和下定义概念的外延不相等。为此,逻辑学制定了一条关于下定义的规则:

 下定义概念的外延同被定义概念的外延应当是相等的。

这是下定义的一条最重要的规则。

再看下面的例子。

(9)鲁迅先生在《送灶日漫笔》一文中曾说:"中国是一向重情面的。

何为情面?明朝就有人解释过,曰:'情面者,面情之谓也。'自然不知道他说什么……"

(10) 以下是甲、乙两人的对话。

甲:现在社会上,骗子特别多,你要处处当心呵!

乙:我才不怕呢,没有什么骗子能欺骗得了我。

甲:真的嘛?你有什么诀窍?

乙:有呀!告诉你嘛,辞典上说,欺骗无非是用虚假的言语或行为来掩盖事实真相,使人上当嘛,我不听他那些虚假言词还会受什么欺骗呢?

甲:嗯,你说得确也有点道理……

这两段话也涉及如何正确下定义的问题。(9)包含着明人对"情面"所下的一个定义:情面就是面情。显然这不过是一种同语反复,即把被定义的概念用其他的话重说一遍,下定义的概念实际上包含了被定义的概念。这样一来,如果要想弄清下定义的概念的内涵,就还得借助于弄清被定义的概念的内涵。于是,这自然就如鲁迅所说的"不知道他说什么"了。这样的定义当然就说不上完成了揭示概念内涵的任务,故而是一个错误的定义。(10)所包含的定义也存在着类似的错误。所谓"欺骗",某辞典的定义是:"用虚假的言语或行为来掩盖事实真相,使人上当。"这个定义从表面看来,虽然其下定义的概念似乎没有直接包含被定义的概念,因而似乎不存在(9)那样的错误。其实不然。且看同一词典对"上当"、"受骗"的定义:"上当:受骗;吃亏。""受骗:受到欺骗。"这样一来,词典对"欺骗"的上述定义就成为:"欺骗:用虚假的言语或行为来掩盖事实真相,使人受到欺骗。"显然,在这个定义的下定义概念中也包含了被定义的概念,只不过不如前例那样明显就是了。因而,这同样使其所下定义未能完成下定义必须揭示被定义概念内涵的任务。这种错误在逻辑上称作"定义循环"的错误。为了避免这种逻辑错误,逻辑学又制定了下定义的另一条规则:

 下定义的概念中不能直接或间接包含被定义的概念。

再看下面的两个例子:

(11) 恩格斯在《反杜林论》一书中曾深刻批判过的德国学者杜林,

曾给"生命"提出过这样一个定义："生命就是通过塑造出来的模式化而进行的新陈代谢。"

（12）爱好文学的小华，对那些生动而形象的比喻怀有一种特殊的偏爱感情。一次，他对同样热爱文学的同学小张说：像"青年是早上八九点钟的太阳"，"儿童是祖国的花朵"，"老年是陈年的酒"以及"建筑是凝固的艺术"等等，把比喻的对象刻画得入木三分，真算得上是最深刻的定义！小张听后却表示不同意，说：这些比喻虽然形象、生动，也很深刻，但作为定义我总认为是不恰当的。就这样，二人争论了起来。

这两个定义的例子从不同方面告诉我们，能否保持定义的明确、清晰，是作出一个正确、科学的定义的必要条件。(11)中杜林对"生命"提出的定义，用了"通过塑造出来的模式化"之类含糊不清的语词，读后让人莫名其妙，以至恩格斯在引用这段话后曾用括号注释道："这究竟是什么玩艺儿"，并斥之为"胡说八道"。这样来下定义，从根本上说当然是达不到下定义的基本要求——科学地揭示概念的内涵。(12)中小华的看法显然也是不正确的，而小张的意见则是正确的。因为有的比喻固然形象、深刻，但作为定义的确是不合适的，原因就在于它们未能清楚地揭示出被定义概念的内涵来。据此，我们又可以总结出一条下定义应当遵守的规则：

 下定义的概念中不能使用含混的、不清晰的概念和语词。

以上几条规则是我们在运用下定义的方法来揭示被定义概念的内涵以明确概念时必须遵守的。当然,为了做出一个科学的、准确的定义,首先必须具有相关的科学知识,对被定义的概念及其所反映的对象有科学的认识和了解,否则仅靠上述几条规则,仍然是难以做出一个科学的、准确的定义的。所以上述各点对于提出一个正确的、科学的定义,从而做到概念明确来说,只是必要条件,而非充分条件。这一点也是必须明确的。

3. 从一位班主任对学生的各种分类谈起
   ——什么是划分

在某中学的一个班级里,有四十名左右的学生。班主任老师为了分门别类的熟悉和了解这些学生,他就按一定标准把班里的学生作了下述分类:

(13) 按学生性别,把学生分为男学生和女学生。

(14) 按学生是否是团员,把学生分为团员(学生)和非团员(学生)。

(15) 按学生年龄,把学生分为 14 岁的,15 岁的和 16 岁的(班级为初中毕业班)。

(16) 按学生学习成绩,把学生分为优、良、中、较差的……。

(17) 按学生健康状况,把学生分为健康的,一般的和较差的,等等。

从逻辑上讲,这样进行的分类就是对概念外延进行的一种划分。由于任何一个普遍概念总是反映一类对象(单独概念是无须划分的),而一类对象所包括的个体或分子往往较多,为了揭示反映一类对象的概念的外延,把该类对象的每一个个别对象列举出来,有时是不必要的,或者是不可能的(如在该类对象包含的个别对象太多,甚至是无限的情况下),在这种情况下,我们只需要将概念所反映的一类对象按照一定的性质分为若干小类就可以了(如上例就是按照不同性质把一个班的学生分为不同的小类)。这就是逻辑学上所说的对概念外延的划分,简称划分。

 划分是将一个概念所反映的一类对象,按照某个或某些性质分为若

第一章 概念要明确

干小类的一种明确概念外延的逻辑方法,即一种通过明确概念的外延来明确概念的又一种主要的方法。

从前面所列例子可见,任何划分都由三个要素组成:被划分的概念(如上例中的"某班级的学生"),称为划分的母项;划分后所得的概念(如上例中的"男学生"与"女学生"、"团员"和"非团员",等等),称为划分的子项;划分时所依据的对象的性质或特征(如上例中的"性别"、"是否是团员"、"年龄"等),称为划分的根据。由于对象的性质、特征的多样性,划分的根据并不是唯一的。上例就是对同一概念按照不同根据而进行了不同的划分。通过这种划分,老师就可对班级的众多同学从不同角度有了较清晰的了解。

这里要注意的是,不能把划分与分解混同起来。划分是把一个属概念分成若干个种概念,如上例中划分的母项"某班级的学生"就是属概念,而其子项(某班级的)"男学生"和"女学生"、(某班级的)"团员(学生)"和"非团员(学生)"等等就是其种概念。而分解则是在思维中把某概念所反映的对象整体分成若干组成部分,如把"地球"这个整体分为"南半球"与"北半球",把"某中学"分成"教务处"、"总务处"及"各个班级"等。反映整体的概念与反映分解后所得部分的概念之间是没有种属关系的。所以,一定不能把划分与分解混同起来,否则也会犯逻辑错误。

那么,怎样去划分才是正确的呢?这就涉及必须遵守划分的规则的问题。

4. 一位少年病人就医时碰到的尴尬
　　——划分应遵守的规则

请先看下面的一段报道:

> 某地人民医院为了方便病人明确就诊科室,布告中有一项规定:儿科只收不足十五岁的病人,凡是超过十五岁的病人,一律分别到内科、外科、五官科等科室就诊。
>
> 一天,来了个心脏病患者,病人正好十五岁,病人家属先送他到内科就诊。内科的护士看了病历卡说:"我们科只收十五岁以上的病人,没过十五岁的不收。"
>
> 于是,病人又被送到儿科,儿科的护士瞟了瞟病历卡就说:"儿科只收十五岁以下的病人。病人已满十五岁,该到内科就诊。"
>
> 就这样,病人三番五次辗转于内科与儿科之间。最后,还是家属找到医院领导,问题才得到解决。

问题出在哪?主要是出在医院关于各门诊科室就诊病员年龄区分的规定上。它以年龄十五岁作为标准(划分的根据)对病人进行划分,其子项应分三类:超过十五岁的,十五岁的,不足十五岁的。而它只列出了超过十五岁和不足十五岁的,把正好是十五岁的病人这一子项漏掉了,于是给正好十五岁的病人的求诊带来了不应有的麻烦。从逻辑上说,这就是一种漏划了某个子项的"划分不全"的逻辑错误。要纠正这种错误,只要把"十五岁的病人"补上,说明其是该往儿科还是内科去就诊就可以了。

为此,逻辑学就总结出了一条正确进行划分必须遵守的规则:

　　划分应当是相应相称的。具体一点说,即划分的母项的外延与划分后所得的诸子项的外延之和应当是相等的。

如果不相等,那就意味着或者是诸子项外延之和小于母项的外延,即未能将母项的外延揭示完全,这就要犯前例中"划分不全"的错误;或者是诸

第一章 概念要明确

子项外延之和多于母项的外项,那就要犯"多出子项"的错误,如把"文学作品"这一概念分为"小说"、"诗歌"、"散文"、"剧本"和"美术",就是犯了这种错误,因为其中的"美术"并非是母项的外延所有的,即它超出了母项的外延。

除上例外,我们还在一些报刊中看到这样一些含有划分方法的运用的表述。

某报在报导某图书馆新到的书刊时说:"新到的书刊很多,有理论书,科技书,各种期刊、外文书刊、画报和画册等等,它们都分门别类地陈列在阅览室的书架上。"

报导是要对"新到的书刊"进行"分门别类",也就是要按一定的划分根据进行划分,以便让读者明确"新到的书刊"这一概念的外延情况。然而,其实际的分类情况却十分凌乱。比如,把"理论书"、"科技书"与"外文书刊"并列,似乎是表明"外文书刊"中就没有"理论书"和"科技书";其次,又把"各种期刊"与"画报"、"画册"并列,似乎是认定"画报"并不是期刊。总之,这样的分类,使得分出的各个小类界限不清,层次不明,从而根本达不到通过划分概念的外延以明确概念的目的。

为什么会出现这种情况呢?原因在于:一是对"新到的书刊"这一母项进行划分后所得到的各个子项,在外延上相互交叉、重叠。如"理论书"、"科技书"同"外文书刊"在外延上就有重叠和交叉之处。"理论书"(或"科技书")中有"外文书刊","外文书刊"中也有"理论书"(或"科技书")。而"各种期刊"同"画报"之间一般具有属种关系(画报通常是一种期刊),而属种关系是属概念真包含种概念的关系,当然在外延上有重叠之处;至于"画册"可以是期刊,也可以不是期刊,因而它同"各种期刊"在外延之间是一种交叉关系。由于各个子项在外延间具有这种相互交叉或重叠的关系,就使得它们在外延上是相容的,使一些分子既属这个子项又属另一个子项,这就达不到明确概念外延的目的,也会给实际工作带来困难(比如,按上述"新到的书刊"的分类,有的书就既可以放到"理论书"一类中去,也可放到"外文书刊"中去,就难以清楚而准确地加以归类)。另外,其所以会出现上述问题,也同划分未能按照同一根据来进行有关。比如,前述划分中的"理论书"、"科技书"是以书的

内容——学科性质作为划分根据而得到的子项;而"外文书刊"与"理论书"等并列,又暗含着"理论书"等为中文书,这是采用书刊所使用的语言文字作为划分的根据。这样,在同一次划分中采用了不同的划分根据,其子项外延之间就必然会出现交叉重叠等现象,这同样使划分达不到明确概念外延以明确概念的目的。

综上情况,逻辑学又从中总结出了划分必须遵守的另两条规则:

其一是划分后所得子项在外延上必须互相排斥;其二是每次划分必须按同一标准(同一种划分根据)进行。违反前一条规则,就会犯"子项(外延)相容"的逻辑错误;违反后一条规则,就会犯"混淆根据"的逻辑错误。

因此,为了明确概念,就必须严格遵守上述各条划分的规则,避免划分过程中种种逻辑错误的出现。

四、如何做到概念明确(下)
——明确概念常用的一些辅助方法

1. "祖国的一切面貌都在改变"吗?
　　——要明确概念的类别:正确区分单独概念与普遍概念

还是先看一个对概念运用的具体例子:

　　一个大学生在纪念我国改革开放三十周年会上的发言中,讲了这样一段话:"改革开放以来祖国的一切面貌都在改变。每一个中国人都应该为此而欢欣鼓舞……"

这段话表明,这位大学生对其所使用的概念的种类分辨不清,把握不准。所谓"祖国的一切面貌都在改变",就句子而言是一个病句,就判断而言是一个不恰当的判断。原因在于其中的"祖国的……面貌"从概念分类来看,是一个单独概念(即反映某一单个对象的概念)而不是一个普遍概念(即反映一类对象的概念)。因为对任何人来说,"祖国的面貌"都只能是唯一的,既然如此,它就不需要也不应当用那些只能用来限制和说明普遍概念的、表示并非单一数量的语词来予以修饰。比如,我们既不能说"所有黄河",也不能说"有些孔子"。因此用"一切"这样只能修饰普遍概念的语词来修饰"祖国的面貌"是不适当的,不合逻辑的。当然,如果这里说的不是"祖国的面貌"这种单独概念,而是说的"祖国的城市"、"祖国的农村"这样的普遍概念,那么,我们用"一切"或者"有些"这样的量词来加以修饰和限制,就不会存在什么问题了。这就是说,要明确概念,特别是要明确地使用概念,就必须首先弄清概念的种类,明确它是单独概念还是普遍概念。

2. "我是群众,我就是真正的英雄"吗?
　　——要明确概念的类别:正确区分集合概念与非集合概念

　　一天,团员小李动员他同班同学小王努力创造条件,争取做一个共青团员。小王却回答说:"我才不想入团啦!我只想做真正的英雄。"小李说:"争取入团同你想做真正的英雄是一致的嘛,你怎么把它们对立起来呢?"小王却理直气壮地说:"怎么能一致呢?毛主席不是说'群众是真正的英雄'嘛,我不是团员,我就是群众,当然也就是真正的英雄了,何必再入团呢?"小李听后,哈哈大笑说:"你讲些什么呀?你把问题搞混了。"小王仍然不以为然说:"我怎么把问题搞混了,我才没搞混呢!"看来,争论还将继续下去……

在上述例子中,小王确实把问题搞混了,混就混在"群众"这个语词虽然常被用来指称那些非共产党员或非共青团员的同志,就此而言,它是一个反映一类对象的普遍概念。但在"群众是真正的英雄"这个语句及其所表达的判断里它表达的却不是一个普遍概念,而是一个集合概念。而集合概念乃是反映某个集合体的概念,即反映的是由一定数量的同类个体所构成的不可分割的整体。比如,"舟山群岛"、"××代表团"等等就是集合概念,因为舟山群岛是由组成它的一个个岛屿结合而成的集合体,××代表团是由参加这个代表团的每一个代表结合组成的集合体。那些不以这种集合体为其反映对象的概念就是非集合概念,如"岛屿"、"代表"等等。集合概念所反映的集合体有一个重要特点:集合体所具有的属性,其构成分子(即个体)未必具有,而分

子所具有的属性,集合体也不必具有。比如,一个先进集体,其每个成员当然都尽了自己的努力,但这并不意味着先进集体中的每一个成员都是先进工作者,正如我们不能说××代表团中的某个成员就是××代表团一样。

同时,还要注意的是,有些语词在一般情况下表达的并不是集合概念,如"书是装订成册的读物"中的"书"表达的就是一个非集合概念,也就是一个普遍概念,因而它可以用来指称任何一本书,即对任何一本书而言,我们都可以说"它是书",因为任何一本书都具有"装订成册的读物"这一性质。然而,在某些特殊场合下,"书"表达的却是集合概念,如"书是知识的海洋"中的"书",指称的就是所有书的集合体,表达的是一个集合概念。这时,我们就不能用它来指称每一本具体的书,因为并非每一本书都可以称得上是"知识的海洋"。前述小王所说"群众是真正的英雄"中的"群众",表达的正是这样的集合概念,即它反映的是由许许多多的个别群众所组成的群众这个集合体,而不是反映一个一个的个别群众,因此"真正的英雄"这个性质,就不一定是作为集合体的群众的每个组成分子都具有的,当然也就并非为小王所必定具有。所以小王确实是"把问题搞混了",他把"群众"所表达的集合概念误以为表达的是非集合概念,从而把这两种不同的概念混淆起来了。

以上的分析说明,由于明确概念主要是要明确概念的内涵和外延,而明确概念的类别,弄清一个概念究竟是单独概念还是普遍概念,是集合概念还是非集合概念,有助于我们从一定方面明确概念的内涵和外延,所以明确概念的类别是明确概念的一个重要的辅助方法。

3. "大同"、"云岗"是"两大石窟"吗?
——要明确概念间的关系:不要把具有同一关系的概念当作非同一关系的概念

我们还是先来看一个例子:

> 某报曾载有关云岗石窟的照片,其附有的说明称:"艺术家艾未未与本报记者考察了大同、云岗两大石窟。"

这张照片的说明,明显存在逻辑错误,其原因就在于没有明确所使用的概念之间的真实关系。所谓概念间的关系一般是指两个概念在外延间的关

系。这种关系有许多种。其中有一种关系是概念间的同一关系(或称重合关系),它是指外延完全重合的两个概念之间的关系。比如"鲁迅"与"《阿Q正传》的作者"这两个概念反映的是同一个对象,所以它们在外延上是完全相同的,二者在外延上就具有同一关系,也称全同关系。具有同一关系的两个概念在外延上虽然完全相同,但其内涵却并不完全相同。比如,"《阿Q正传》的作者"这个概念较之"鲁迅"这个概念,就较侧重从《阿Q正传》这部小说与鲁迅之间关系的角度来反映鲁迅这个对象。正因为具有同一关系的概念虽外延相同而内涵还有所不同,我们才说它们是两个概念。否则,如果不仅外延全同而且内涵也完全相同,那就不是什么两个概念,而是表达同一个概念的两个不同语词(如"马铃薯"与"土豆")罢了。

明确了两个概念之间的同一关系,我们就不难看出上述例子的问题所在了。例中提到的"大同、云岗两大石窟"其实只是同一个石窟。该石窟位于山西大同武周山(又名云岗),故名"云岗石窟";但因地处大同,所以人们又称其为"大同石窟"。因此,两者可视为是具有同一关系的两个概念,其外延是完全相同的,因而在任何意义上都不能将二者说成是"大同、云岗两大石窟"。上例把具有同一关系的两个概念误认为是不具有同一关系的两个概念,这无疑是一种因概念不明确而导致的逻辑错误。

4. "汉儒就是训诂考据之学"吗?
——要明确概念间的关系:不要把不具有同一关系的概念当作具有同一关系的概念来使用

某著名学者在一篇文章中称:

> 在我们中国文化中所称的汉学,是指汉儒作的学问,注重训诂……后来发展为考据,就是对于书本上的某一句话,研究它是真的或是假的。这些学问,为了一个题目,或某一观念也可写百多万字。总之,汉儒就是训诂考据之学。

与前例相反,这段话却是把两个不具有同一关系的概念,表述为是具有同一关系的概念了。因为所谓"汉儒"从其叙述中可以看出,乃是治汉学的儒者,而"训诂考据之学"是一种学问,是汉儒所作的学问。很明显,一是

"学者",一是"学问",怎能说"汉儒就是训诂考据之学",怎能把这两个根本不具同一关系的概念当作是具有同一关系的概念呢?这在客观上也就可以视为是一种基于对概念间关系的不够明确而导致的概念不明确的逻辑错误。

5. "绝色无不属于天籁"吗?
——要明确概念间的关系:不要把不具有从属关系的概念当作从属关系来使用

请看下面三段叙述:

(1) 我去的时候,小妖一样的桃花鱼,偏偏一身小资气质地现形了……譬如柔曼,譬如风流,譬如玉洁冰清,譬如款款盈盈,再也没有比得过这汪洋蓝碧之中所荡漾的绝姿了。现在,我当然懂得,任何的绝色无不属于天籁,不要想着带她去天不造、地不设的去处。

(2) 球馆提供球拍、球衣、球鞋、衣柜等乒乓器材。

(3) 我们全班同学对于参加军事训练和实弹射击都有很高的热情。

以上三段叙述都涉及概念间关系中的从属关系问题。什么是概念间的从属关系呢?简单地说,从属关系是这样两个概念之间的关系,其中一个概念的外延包含了另一个概念的全部外延。比如,"学生"和"中学生"、"劳动产品"和"商品"这两组概念就分别具有从属关系。因为这两组概念中的前一个概念的外延都分别包含着后一个概念的全部外延。在具有从属关系的两个概念中,外延大的概念称为属概念,外延小的概念(即被包含的概念)称为种概念。可见,概念间的从属关系实际上有两种情况:一是真包含关系,即属概念对种概念的关系;一是真包含于关系,即种概念对属概念的关系。同时,具有从属关系的两个概念,必然具有内涵和外延的反变关系。这就是说,属概念在外延上虽然大于种概念,但在内涵上却小于种概念;相反,种概念在内涵上多于属概念,其外延就小于属概念。

这从前面所举"学生"与"中学生"这两个具有从属关系的概念中就可看出来。"学生"的外延大于"中学生",因"学生"外延包括了"中学生"的外延,但其内涵却小于"中学生",因为"中学生"不仅具有"学生"的内涵,它还具有为其他学生("大学生"、"小学生"等)不具有的内涵(如是在中学学习的,等等)。正因如此,准确地把握概念间的从属关系,将在一定程度上有助于我们从外延和内涵上去明确概念,去正确地运用具有从属关系的概念。前述三段叙述正是在这方面出现了问题而使概念的运用存在逻辑错误。

例(1)在赞美了桃花水母的气质和绝姿后说"任何绝色无不属于天籁",也就是说"任何绝色都属于天籁",即把"天籁"和"绝色"说成是两个具有从属关系的概念。然而,二者根本不存在什么从属关系。"绝色"说的是桃花鱼的绝妙姿色,而"天籁"是指发自天上的声音,以形容声音之美妙绝伦。"姿色"与"声音"根本不可能存在外延上的真包含关系或真包含于关系,怎能认定它们具有外延上的从属关系而使"绝色"真包含于"天籁"呢?看来,作者在使用"天籁"这一概念时将其误解为不局限于形容声音的美妙绝伦,而是泛指一切美妙绝伦的东西了。

例(2)的错误与第一段近似,该体育馆的介绍把"球拍"、"球衣"、"球鞋"和"衣柜"都视为"乒乓器材"的种概念。而事实上,除"球拍"与"乒乓器材"确有从属关系外,其余的"球衣"、"球鞋"、"衣柜"三个概念都不属于"乒乓器材"的外延,即它们同"乒乓器材"这个概念之间都不具有从属关系。

例(3)也存在逻辑错误,但其表现与前两者的错误略有不同,它是把具有从属关系的两个概念("军事训练"是属概念,"实弹射击"是种概念,前者对后者有真包含关系)表述为并列关系了。所谓并列关系是指在同一属概念之下的几个属于同一层级的种概念之间的关系,比如,"大学生"、"中学生"、"小学生"就是在同一属概念"学生"之下的几个属于同一层级的种概念,它们之间的关系就是概念间的并列关系。在一般情况下,具有从属关系的概念显然是不能表述为并列关系的。因为,从属关系是属概念与种概念的关系,不是同一属概念下几个并列的种概念之间的关系。但在本例中"军事训练"和"实弹演习"这两个实际具有从属关系的概念,却被作为具有并列关系的概念来表述了,因此是错误的,不合逻辑的。

综上可见,明确了概念间的从属关系,就既不能把实际上不存在从属关系的概念当作具有从属关系的概念来使用,也不能在一般情况下把具有从属关系的概念当作具有并列关系的概念来运用,否则都会因使用概念不当而引发逻辑错误。正因为如此,明确概念间的从属关系,也是我们通过明确概念外延间关系来明确概念的又一种常见的辅助方法和途径。

第二章
判断要恰当

一、什么是判断

我们且先看清人纪昀在《阅微草堂笔记》中所讲的关于一个读书人的故事:

(一读书人)偶得古兵书,伏读经年,自谓可将十万。会有土寇,自练乡兵与之角,全队溃覆,几为所擒。又得古水利书,伏读经年,自谓可使千里成沃壤。绘图列说于州官。州官亦好事,使试于一村。沟洫甫成,水大至,顺渠灌入,人几为鱼。由于抑郁不自得,恒独步庭阶,摇首自语曰:"古人岂欺我哉!"如是日千百遍,惟此六字。不久,发病死,后风清月白之夕,每见其魂在墓前松柏下,摇首独步。侧耳听之,所谓仍此六字也。或笑之,则欻隐。次日伺之,复然,泥古者愚。何愚乃至是欤!阿文勤公尝教昀曰:"满腹皆书能害事,腹中竟无一卷书,亦能害事。国弈不废旧谱,而不执旧谱;国医不泥古方,而不离古方。故曰:'神而明之,存乎其人。'又曰:'能与人规矩,不能使人巧。'"

纪昀(即纪晓岚)对这位读死书、死读书者的这一段文词简约但

恰中要害的评语,是由一系列判断所组成的。它既断定了一个"满腹皆书"但脱离实际的书呆子可能"害事",也断定了一个不读书,不吸取前人智慧和教训的人也可能"害事"。断定了下棋既不能弃旧的棋谱于不顾,也不能固执于旧的棋谱。中医处方既不应拘泥于古方,也不应无视于古方。

由此可见,所谓判断就是人们在想问题的时候,也就是在思考问题的过程中,对思维所涉及的对象进行各种各样断定的一种思维形式,说得更简单些,就是对思维对象有所断定的一种思维形式。从上述这些判断来看,尽管它们断定的对象各种各样,有的是对死读书者的断定,有的是对下棋的断定,有的则是对中医处方的断定等等,但它们都总是对判断对象有所断定。而所谓有所断定,无非就是说有所肯定(如"满腹皆书能害事")或否定(如"国医不泥古方")。

 判断就是对思维对象有所肯定或否定的一种思维形式。

如果不对思维对象有所肯定或否定,那就不是判断,因此对思维对象有所肯定或否定,是判断的一个基本的逻辑特征。由于存在肯定或否定,就必然存在一个肯定或否定是否符合实际情况的问题,因而也就有一个或真(断定符合实际情况)或假(断定不符合实际情况)的问题。这也就是说,判断之所以为判断必然是或真或假的,否则就不能称之为判断。这是判断的又一个基本的逻辑特征。

另外,还必须强调的是,判断作为一种思维形式是看不见、摸不着的,它必须而且只能通过一个一个的语句来表达。于是,这就自然提出了一个问题:是否一切语句都能表达判断呢?如果不是,究竟哪一些语句表达判断,哪一些语句不能表达判断呢?这也是我们必须弄清楚的。为此,我们且先看由唐代诗人王维所写的一首题为《相思》的脍炙人口的五言绝句:

红豆生南国,春来发几枝?
愿君多采撷,此物最相思!

全诗围绕红豆,借咏物而咏情,诚挚感人而又朴实无华,读来令人无不为之动容。

但在这里,我们所以要举出此诗的意图仅在于说明:这首由短短四句组

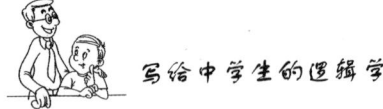

成的五言绝句,从语法的角度看,正好依次表示了四种不同的句型:陈述句("红豆生南国")、疑问句("春来发几枝")、祈使句("愿君多采撷")、感叹句("此物最相思")。而这四种句型正好构成了按语句的功能和作用而对语句所作区分的全部句型。由此不难发现,诗人是多么巧妙地运用多种不同的句型来抒发自己对友人真挚情谊的呵!

那么,在这四种句型的语句中,哪种或哪几种是能够表达判断的呢?这就必须根据上述判断的基本逻辑特征来予以鉴别和判定。由于判断总是对思维对象有所断定,从而总是有真假的,因此能够表达判断的语句必须是那种能区分出真假的语句。显然,在这四种语句中,只有陈述句(或称直陈句)才能直接区分出真假,于是只有陈述句才能表达判断。比如:

红豆是生长在中国的南方的。

这是一个陈述句,它陈述了"红豆生长在中国的南方"这一事实,是可以直接验证出其真假的,因而是一个能直接表达判断的语句。这种有真假的、

能直接表达判断的语句也就是我们常说的命题。也正因此,在我们的日常思维和言语交流中,为了表述的简练,我们也就常常直接称上述例子是一个判断,而不称它是一个由"红豆是生长在中国的南方的"这样的语句和命题所表达的判断。

那么,另外三种句型的语句是否表达判断呢?回答是否定的。还是以《相思》一诗的另三个诗句为例。第二句"春来发几枝?"是一个疑问句,它对红豆树到了春天会生发出几枝这一事物情况提出了问题,表示了疑问,而没有作出任何肯定或否定的陈述,所以这种语句本身是没有真假可言的,因而并不直接表达判断。不过,有的疑问句,比如反诘疑问句(如"难道红豆不是生长在中国南方吗?"),可以说是一种以疑问句的形式表述了某种断定(如"难道红豆不是生长在中国南方吗?"这一反诘疑问句就陈述了"红豆是生长在中国的南方的"这一断定),而既有断定,自然就有真假,故这类疑问句是表达判断的。

第三句"愿君多采撷!"是一个表示某种请求或命令的祈使句。由于这种语句的提出,其意图并不在于表达对事物情况的某种断定,而只在于表示某种请求、愿望,而这种请求、愿望只有是否合适、是否适当的问题,并没有什么真假的问题。比如,我们一般是不会提出有关"愿君多采撷"这一请求、愿望本身究竟是真还是假的问题,所以这种祈使句一般不直接表达判断。

同样,由于诗的第四句"此物最相思!"只是一种抒发某种感情的语句,即一种感叹句,它表示的只是作者借物寄情的一种感概,表达的是一种感情("红豆是引发人的相思之情的呵!")而不是直接去陈述和断定事物(如红豆)的某种情况(如是否是最引发人的相思之情的),所以它本身也没有什么真假可言,因而也就并不直接表达判断。

这就是说,只有陈述句才能对思维的对象,即一切事物情况做出肯定或否定的陈述,因而才能直接表达判断而成为命题,疑问句、祈使句、感叹句都不能直接表达判断,因而都不是命题。

二、什么样的判断是恰当的

人们说判断要恰当,那么,什么样的判断才称得上是恰当的呢?为什么要对判断提出恰当的要求呢?它的标准又是什么呢?要弄清这些问题,我们

还是先看一看一块草地的小木牌上所显示的社会文明的足迹吧!

可能是《咬文嚼字》的一位作者吧,他家附近有一块草地,为了维护这块草地不被践踏,草地旁边插有一块用来书写警示和劝告行人不要随意进入草地之类口号、标语的小木牌,而随着社会文明前进的足迹,木牌上的用语也在不断改换着。这位作者是这样写的:

> 记得上面最初的是八个大字:"严禁入内,违者罚款!"每天上班路过时,见到这块小木牌,我总有被人当头断喝的感觉。这块草地一眼望去,毛茸茸、绿莹莹,但因有了这块小木牌,似乎它的可爱也打了折扣。后来……城市开展礼貌教育,……草地上的小木牌也发生了变化,八个字变成了六个字:"请勿践踏草地。"说老实话,宣传牌上虽然有了一个"请"字,但在我看来,似乎只是"外交辞令",这句话听上去仍旧冷冰冰的……有年春天,……我从外地出差归来,无意瞥了一眼小木牌,发觉上面又有了新内容:"当护绿使者,做文明市民。"我不由得眼前一亮,心头一热,一种责任感油然而生……日前我又再次见到了小木牌,发觉上面又恢复为八个字:"小草休息,请勿打扰。"拟人的笔法,幽然的口吻,加上眼前青翠的绿色,营造出了十分温馨、亲切的氛围。我不知不觉停立在小木牌前,脑海里思绪翻滚。我想,一块小木牌也许承载不了历史,然而,它是大海里的一滴水。从这块小木牌,我看到了社会文明的足迹。

文中所说的小木牌上显示社会文明足迹的四次用语的改变,从逻辑的角度看,也可视为是其用语及其所隐涵的判断一次比一次运用得更为恰当的表现:

第一次用语是"严禁入内,违者罚款",这本身是一个命令句,并不直接表达判断,但它隐涵着一个判断:"草地是不允许入内的。如果进入草地,就要罚款。"就此而言,这是在一般公园里常见的用语和判断,不能说它是一个不正确的用语和判断,然而正如上文所说,这看上去"总有被当头断喝的感觉",从这个意义上说,它就显得不够恰当了。

第二次见到时的用语是"请勿践踏草地",这是一个祈使句,但也隐涵一个判断:"(人们)不应践踏草地"。这较之前者,显然提法客气了一些,有礼貌一些,因而也可以说是恰当了一些。然而在上文的作者看来,这"似乎只是

'外交辞令'……听上去仍旧冷冰冰的",就此而言,似也显得不够恰当。

第三次见到时的用语是"当护绿使者,做文明市民",这可以视为是两个并列的陈述句,因而表达了一个联言判断。在作者看来,"这两句话也许并不巧妙……然而,它包含着对人的期待和尊重",显然,较之前二次的用语和判断,就显得恰当一些了。

第四次见到的用语是"小草休息,请勿打扰"。由于采用了"拟人的笔法,幽默的口吻",使人感到温馨,亲切,无论是其语言的运用还是判断的运用(其本身虽为祈使句,不直接表达判断,但隐涵着"小草正在休息,打扰它的休息是不应该的"这一判断),都显得更有人情味、有亲和力,因而也就更为恰当了。

通过上述的简要分析,对于我们在本节一开始就提出的"什么样的判断才称得上是恰当的"这一问题,可以作出如下简要的回答。

首先,判断恰当的问题是就判断作为一种思维形式,标志着人们对对象有所认识,从而成为人们正确思维和有效交际的工具而言的,也就是把判断视为人类知识的基本细胞(人类的一切知识,都是以一个个的判断表现出来和积累起来的)而就其独立运用而言的。这就是说,判断恰当的问题不是就判断作为组成推理的基本要素,构成正确建构和识别各种推理形式的必要条件这个意义上来说的(这方面的作用,我们将放到推理中结合讲述各种推理形式时再作分析)。换言之,上面对小木牌上用语的四次变换的分析及评价,都是仅就这些用语以及它们所表达或隐涵的判断本身的作用而言的,并不涉及它在推理中的地位和作用。

其次,判断恰当的要求是人们基于实践活动的具体性而对判断提出的要求。人们作出任何一个判断都不是毫无目的、毫无用意的无病呻吟,它总是表现着、寄托着人的一定实践意向,蕴涵着一定的实践要求。比如,前述小木牌上的用语的四次变动,都是为了使草地能更好地免遭践踏以维护草地的自然生态。人们的实践活动总是具体的,总是在一定时间、地点、条件下的实践,因此人们所提出的每一个判断,客观上都存在这样一个问题:提出的判断是否恰如其分地适应了、满足了该判断所面临的具体实践要求?如果满足了、适应了,那么该判断就是恰当的;满足和适应的程度不同,效果不同,判断的恰当程度也就相应有所不同。这也正是我们在对小木板用语的分析中所以要认定它们一次比一次更恰当一些的原因所在。

最后，判断恰当与判断真实或者判断正确有不同的要求和不同的评价标准。如前所述，判断恰当是就判断是否符合一定时间、地点、条件下的具体实践的要求而言的，也就是视判断提出的一定语境（包括判断提出时的客观环境和语言环境——谈话和写作中的前言后语之类）而言的。判断真实是就判断是否符合客观实际而言的，而判断正确则用得较为宽泛，有时指判断真实（比如说"某人的话是正确的，他没有说谎"），更多时候是用来评价人的言行是否合乎一定规范，运用的逻辑思维形式特别是逻辑推理是否有效（比如说"他坚持不撞红灯，遵守交通规则，是正确的"，"这个推理形式或论证方式是正确的"，等等）。因此，它们之间各有不同的要求，因而也有着不同的评价标准。就判断恰当而言，一般情况下，它应当以判断真实为其前提，即在一般情况下，一个不真的判断很难被认定是一个恰当的判断。但不能将这点绝对化。在特殊的情况下，一个不真实的判断完全有可能才是一个恰当的判断。比如在新中国成立前，很多做地下工作而政治面目尚未暴露的共产党员，在敌人法庭的审讯中，当被问及是否是共产党员时，为了保存自己以及为了更有效地保护党的地下组织以便继续和敌人斗争，往往做出否定的回答"我不是共产党员"，这无疑是一个不真的判断，然而从当时对敌斗争的需要来说，这却是一个最恰当的判断。我们的外事工作人员，比如外交部的发言人，在

回答某些涉及国家重大机密的问题时,通常的回答是"不知道"、"不了解"或"无可奉告",这样的回答无疑是恰当的,但回答中使用的这类判断却未必都是真的。此外,对亲友中一些高危病人的提问,人们有时不得不采用所谓善意的谎言来做出回答。既然是谎言当然是不真的判断,然而它对病人的安心治病往往却是必需的,因而也是恰当的。

与此相反,许多真实的或者说正确的判断,却因其不能满足一定语境的要求,或者不利于完成一定时间、地点、条件下的具体实践任务,很可能是不适当的或者说不完全适当的。比如,前述小木牌上四次不同的话语及其所隐含的判断,作为合乎一定社会规范的要求和表达,应当说都是正确的,但就其是否符合当时的具体语境和具体实践任务的需要,特别是从它们在人群中所引发的实际效果来看,其恰当性显然就有高低、优劣之分。因此,我们不能用对判断的真实性、正确性要求来顶替甚至取消对判断的恰当性的要求。当然,我们也不能因强调判断恰当这一要求而忽视了判断真实和判断正确的要求。

三、如何做到判断恰当

这个问题主要涉及两个方面。一个方面是判断作为一种思维形式,其本身的组成、结构必须做到恰当。这是因为任何一个判断都有其一定的结构,它或者是由概念组合而成的(如简单判断:"小王是一个中学生"就是由概念"小王"和"中学生"通过一个联结词"是"而构成的),或者是由另一些判断组合而成的(如复合判断:"小王不仅是一个中学生,而且是一个优秀的中学生",就是由"小王是一个中学生"和"小王是一个优秀的中学生"两个判断通过联结词"不仅……而且……"组成起来的)。既是组成,就有组成的结构(准确些说,逻辑结构);既有组成的结构,就有一个组成结构是否恰当的问题。为此,要求判断恰当,自然也就要求它的各个组成部分及其结构必须是恰当的。

另一方面,判断作为一种思维形式,是人们正确思维和有效交际的一种工具,而作为工具,自然就存在着人们对这种工具的应用是否得当的问题,所以判断的应用也必须是恰当的。下面,我们先具体分析一下为了做到判断恰当,如何从这两方面去作出努力,然后在此基础上,提出几点具体要求。

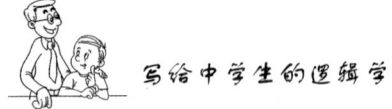

(一) 判断本身应保持恰当

这是做到判断恰当的最基本的要求。因为如果判断本身的组成部分及其结构是不恰当的,那么把这样的判断运用于人们的实际思维和人际交往,自然也就会是不恰当的了。但是,要分析判断的组成和结构的问题就离不开判断的分类问题,因为不同类别的判断,其组成和结构是不相同的。下面,先看一段记事:

××学校团委,准备在五·四青年节时表扬一批优秀团员,特请高二(3)班的班主任介绍黄亮的基本情况。

班主任认为,黄亮是班里的学习委员,他不仅自己认真努力地学习,还尽力帮助其他同学一道努力学习。作为共青团员,他关心同学,帮助同学共同进步,只要分配给他的任务,他就会认真去完成。他常和一些同学说,"只有我们班同学都动员起来,相互关心,相互帮助,我们班级才会是一个好集体、好班级。"当然,并非小黄身上都是优点,他也有一些不足之处:班里有的同学学习较差,他们或反映黄亮帮助他们还不够经常,或反映他帮助同学有时不够耐心;有的同学是运动员,他们认为黄亮参加体育锻炼还不够。但是,班里所有同学的意见是一致的,即黄亮是一个好团员。

班主任讲的上述这番话,就内容说是对学生黄亮的介绍,就其所使用的一系列判断来说,几乎囊括了人们常用的各种判断类型。比如,介绍中说"黄亮是班里的学习委员"、"(班里)有的同学是运动员"、"(班里)所有同学的意见是一致的",等等,使用的是简单判断,这是一种自身不再包含其他判断的判断,即将其组成部分加以分解时,只能分解出概念,而不能分解出其他判断来。这类判断都是断定某对象具有(或不具有)某种性质的判断,故亦称性质判断,传统上称之为直言判断。

直言判断是由主项、谓项、联想和量项构成。其中,主项是反映判断对象的概念,如上述判断中的"黄亮"、"同学"、"同学的意见";谓项是反映判断对象具有或不具有某种性质的概念,如上述判断中的"班里的学习委员"、"运动员"、"一致的";联项是联结主项和谓项的概念,如上述判断中的"是"或"不是";量项是反映判断对象数量的概念,如上述判断中的"有的"、"所有"。"有的"未断定主项的全部外延,称为特称量项;"所有"断定了主项的全部外

延,称为全称量项。

简单判断除直言判断外,还包括关系判断,它是断定对象之间具有(或不具有)某种关系的判断,如"他(黄亮)关心同学"、"他帮助同学……"等都是关系判断。关系判断是由关系者项、关系项和量项构成。其中,关系者项是反映具有或不具有某种关系的对象的概念,如上述判断中的"他"和"同学";关系项是反映对象之间具有或不具有的某种关系的概念,如上述判断的"关心"、"帮助";量项则是反映关系者项外延数量的概念,如"班里所有同学都关心有的同学"中的"所有"与"有的",故也有全称量项与特称量项之分。

上述介绍中还使用了另一种类型的判断,即复合判断,它是包含了其他判断的一种判断,它用逻辑联结词把一个或几个判断(一般是简单判断,但也可能是复合判断)联结而成。复合判断又可按联结词的不同而区分为以下几种常见类型:

联言判断,即断定事物若干情况同时存在的判断,如"他不仅自己认真努力地学习,还尽力帮助其他同学一道努力学习"。

选言判断,即断定事物若干可能情况的判断,如"他们或反映黄亮帮助他们还不够经常,或反映他帮助同学有时不够耐心"。

假言判断,即断定事物情况之间条件关系的判断,如"只要分配他任务,他就会认真去完成";"只有我们班同学都动员起来,我们班级才会是一个好集体、好班级"。

负判断,即通过否定某个判断而得到的判断,如"并非小黄身上都是优点"。

下面我们着重就简单判断的直言判断及各种复合判断本身如何避免和防止判断不当,以做到判断恰当的问题,作一点简要说明:

1. 直言判断的主项和谓项必须明确,只有主项和谓项明确的判断才可能是恰当的

直言判断既然是断定对象是否具有某种性质的判断,那么为使一个直言判断是恰当的,首先就要求反映断定对象及其性质的主项与谓项是明确的,否则,如果其主项或谓项不明确,判断就必然含混、有歧义,那就谈不上有什么判断的恰当性。

比如：

(1) 一个农民工创办的学校开学了。

(2) 在事变期间,史沫特莱同斯诺的朋友贝特兰协助我们作了大量的工作。

(3) 读你的感觉像春天。

例(1)的主项"一个农民工创办的学校"是一个含混而有歧义的概念,既可理解为是由"一个"农民工创办的学校,也可以理解为是一个由"农民工"(可以指由许多农民工共同出资)创办的学校。究属哪一种情况,仅由这个判断本身是作不出正确回答的,因此这样的判断只能是一个容易引起人们误解的不恰当的判断。而(2)的主项也是不明确的,它既可以指作为史沫特莱同斯诺二人共同的朋友的贝特兰一人,也可以指史沫特莱与仅仅是斯诺一人的朋友的贝特兰二人。既然如此,这一判断显然也只能是一个不恰当的判断,因为判断对象本身就是不明确的,自然就不能给人们以明确的判断信息,更就遑论判断的恰当了。例(3)作为一篇介绍方永刚的先进事迹在沪引起强烈反响的通讯文章的题目,读来真使人莫名其妙,因为这究竟说的是"读你"的感觉像春天呢,还是"读你的感觉"像春天呢？不清楚。而且,无论这两种情况中的哪一种情况,都无法使人确切了解讲的是什么意思。这样的判断自然谈不上是什么恰当的判断。

2. 主项和谓项的搭配要恰当

直言判断是由反映判断对象的主项和反映判断对象具有(或不具有)的性质的谓项,再通过联结主项和谓项的联项以及反映判断对象的数量的量项等所构成的,因此关于直言判断自身构成是否恰当的问题,也就是有关作为判断组成要素的各个词项之间的结构是否恰当的问题。而要求直言判断的自身结构必须恰当,首先就必须要求其主项与谓项是相应相配的。比如,有这样一些判断：

(4) "电视广告的性别歧视"是个伪命题。

(5) 项羽为什么"不肯过江东"？这是个伪命题。

(6) 读书是一个很重要的命题。

  这是从近期报刊中摘出的三个直言判断,它们都是由于不理解命题的本质(命题必须是一个或真或假的语句)而误用"命题"概念,使得判断的主项和谓项不相应相配——谓项所反映的性质根本不为主项所反映的对象所具有,即这些判断本身就是虚假的因而不可能是恰当的判断。(4)、(5)的谓项是"伪命题"。所谓伪命题,也就是假命题,但假命题必须首先是一个命题,只不过是一个未能如实反映客观现实情况的命题罢了。然而(4)的主项"电视广告的性别歧视"只是一个由偏正结构的词组所表达的概念,根本不是一个命题。这样一来,该判断的主项显然与谓项就不相应了,只能是一个不恰当的判断。(5)的"这是个伪命题"中的"这"指代的是"项羽为什么'不肯过江东'?"这句话,可这句话是一个疑问句,而疑问句一般是不能充当命题的,这样一来又是把本不是命题的语句误以为是命题,由此导致主、谓项不相应以至于判断不恰当了。(6)的主项是"读书",这只是一个由动宾结构的语词所表达的概念,自然也不是命题,因而该判断也同样是一个因主、谓项不相配而导致的不恰当的判断。可见,这三个例子之所以都是假的、不恰当的判断,原因就在于这些判断的提出者不懂得"命题"概念的确切内涵和外延,而把那些与之根本没有真包含于关系的概念作为判断的主项,从而使得整个判断成为了不恰当的判断。

除此以外,也还有另一些基于判断主、谓项不相应而使判断不恰当的情况。如:

(7) 是否有较好的学习成绩也是评上三好学生的重要条件。

(8) 1990年,母亲在一代才子纪晓岚曾经徜徉恣肆的热土上度过了她沉默、清贫的一生。

这两个判断也是主项与谓项搭配不当而导致判断不恰当。(7)的主项包含了肯定与否定两个方面,而其谓项仅表达了肯定的方面,其主项与谓项互不照应,这显然是不恰当的。(8)是由一个长句表达的判断,其主干部分是"1990年,母亲……度过了她……的一生"。而要在1990年这一年中度过母亲的一生是不可能的,是不合事理的。问题就在于谓项中"度过"用得不恰当,如将其改为"走完",而使整句变为"1990年,母亲……走完了她……的一生",那么这句话表达的判断就恰当了。

3. 直言判断的量项使用要恰当

直言判断的量项反映的是判断对象的数量情况,一个直言判断是否恰当的问题也必然包括其量项的使用是否恰当的问题。

电影演员、作家黄宗英曾翻译过《洛杉矶先驱导报》上的一段文字,题为《一个小故事》。文章不长但表现了对直言判断量项的准确而恰当的运用,全文如下:

> 有一个关于四个人的故事,他们的名字是"每个人"、"有的人"、"任何人","没有人"。有那么一件重要的事必须去做,每个人都认为有的人会去做,任何人都能去做,可没有人去做,有的人就生气了。因为这是关系每个人的事,可没有人认识到每个人应该去做它。最后,故事结束在没有人去做任何人能做的事,于是,每个人大骂有的人。

这是一个在我们日常生活中经常可以碰到的一个耐人寻味的故事。故事中四个人的名字实际上是表现了直言判断的两种量项:全称量项(每个、任何、没有)与特称量项(有的)。而整个故事对这两种量项的应用都是很准确的,因而也是恰当的。然而,在历史和现实中,也存在着一些对量项运用不当的情况。比如,古希腊时代的苏格拉底与埃弗奇詹姆曾经有过下述关于正义性的对话:

(9) 埃氏:我熟知正义性与非正义性,就像木匠谈自己的本行一样。
苏氏:你把欺骗列入哪一类?
埃氏:一切欺骗都是非正义的!
苏氏:战略家欺骗自己的敌人属于哪一种情形?
埃氏:?!……那么,并非一切欺骗都是非正义的,欺骗朋友为非正义,欺骗敌人则是正义的。
苏氏:当战略家看到士气低落时,故意说盟军即将到来,以此谎言提高了士气,这是欺骗朋友,非正义的吗?
埃氏:?!

埃氏在对话中所以两次被问难,是因为他在对话中所提出的两个全称判断(后一个是"欺骗朋友为非正义",这是一个省略了全称量项的全称判断)都因苏格拉底提出的反例而表现出所用全称量项是不恰当的。这就提醒我们,为了判断恰当,还必须准确地、恰当地使用量项,既不能在只能使用特称量项的场合使用全称量项(如埃弗奇詹姆在上述对话中那样),也不能在该使用全

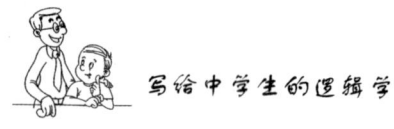

称量项的场合而使用特称量项。比如：

(10) 有的不正之风必须坚决纠正。

(11) 有的鲸鱼不是鱼。

仅从真、假角度看，(10)、(11)都是真的判断，然而它们都未能准确地表达被断定对象的数量范围。就(10)而言，不应是"有的"而应是"所有"不正之风都必须坚决纠正；就(11)而言，也不是"有的"而应是"所有"的鲸鱼都不是鱼，因鲸鱼都是胎生的哺乳动物。显然，按判断的恰当性来说这两个判断都是不恰当的。

4. 直言判断的联项性质（肯定或否定）要恰当

直言判断是通过对判断对象有所肯定或否定来断定对象具有还是不具有某种性质，因此在做判断时必须注意如实反映判断对象的情况，准确表达主项和谓项的联系性质，即正确地、恰当地使用直言判断的联项。

在一般情况下，错用直言判断的联项，即该用肯定的联项却用成了否定的，或该用否定的联项却用成了肯定的，这是不多见的。这类错用的情况常常是发生在误用多重否定和反诘句的情况下。比如：

(12) 谁也不能否认这部作品没有教育意义。

(13) 怎能否认小陈在学习上一点进步也没有呢？

(12)的原意是想强调这部作品的教育意义，但由于误用了三重否定，即把原应是通过双重否定而表示的肯定，再加以否定而变成了否定。其结果就与原意（肯定这部作品具有教育意义）完全相反了。(13)中的"怎能否定"是经过双重否定而表示的"肯定"，而加上后面的"也没有"又变成否定，使其表达结果又与原意（肯定小陈在学习上有进步）完全相反了。这样误用了联项的判断，当然也就不可能是什么恰当的判断。

以上讲的是关于简单判断，主要是直言判断如何做到判断本身恰当的问题。下面，再简要地分析一下复合判断如何做到恰当的问题。

由于复合判断基本上是由简单判断通过联结词组合而成的,因此复合判断的恰当问题,最重要的是如何正确地、恰当地运用各种复合判断的联结词的问题。

在这个问题上特别需要注意的是:不要把联言判断的联结词误用为选言判断的联结词,或把选言判断的联结词误用为联言判断的联结词;在运用假言判断时,不要把充分条件假言判断的联结词与必要条件假言判断的联结词相互混用。这里仅举例简单说明:

(14) 全省12条主要水系达到和优于三类水质标准的段面所占比例为89.4%。

(15) 高考时可以按照文理科让学生自主选考,但是作为高考学生还是应该掌握基础的理化知识或基础的历史知识,不能因为学的是文科专业就偏废了物理和化学。

(16) 张华的学习成绩所以老是上不去,不是学习不刻苦,就是原来的基础太差。

(17) 只要刻苦学习,他的学习成绩就能很快提高。

上述复合判断,都因其联结词运用不当而使整个判断成为不恰当的判断。(14)是一个以"和"为联结词的联言判断,但这只可能是一个不恰当的联言判断,因为"达到"与"优于"用"和"联结起来是不合事理的。一般来说,"优于"已经包含了"达到",而且远远超过了"达到"的标准,因此在联言支必须同真该联言判断才真的条件下,已肯定了"优于"三类水标准的段面所占比例为真,再肯定"达到"三类水标准的段面所占比例为真是没有任何意义的。也就是说,这里的联结词应为"或",该判断应是一个选言判断,其两个选言支至少有一个为真,这样"达到"或"超过"三类水标准的段面所占比例为89.4%这一断定才是有意义的,从而该判断才有可能是恰当的。

(15)与(14)正好相反,它把"应该掌握基础的理化知识"与"基础的历史知识"这一应由联结词"和"联结而成的联言判断,误用为由联结词"或"所形成的选言判断,这也就不可能是恰当的了。因为作为参加高考的学生,不管其选考的是文科还是理科,基础的理化知识和历史知识都是应该同时掌握的。

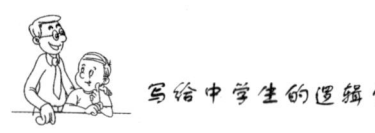

(16)是用联结词"不是……就是……"形成的不相容选言判断。按不相容选言判断的逻辑特性,其两个支判断("学习不刻苦"和"原来的基础太差")是不能同真的。而事实上这两个支判断是可以同真的,因为张华的学习成绩所以老是上不去,可以是这两个支判断所肯定的原因同时起作用的结果。因此该复合判断应当是用联结词"或"联结支判断而组成的相容选言判断,而不能像现在那样是用联结词"不是……就是……"联结起来的不相容选言判断。由此,(16)就是一个误用了不相容选言判断联结词的判断,当然也就不可能是一个恰当的判断。

(17)是一个假言判断,按其前后件的条件关系来看,前件("刻苦学习")仅仅是后件("他的学习成绩能很快提高")的必要条件,而非充分条件。因为,不刻苦学习,他的学习成绩肯定不能很快提高,但刻苦学习了,并不一定就能保证他的学习成绩很快提高。仅靠刻苦学习,如果方法不对头,或原有基础太差,也是难以使他很快提高自己的学习成绩。既然这个假言判断误将必要条件的关系表述为充分条件的关系,因而也是一个不恰当的判断。如果将联结词改为"只有……才……",该假言判断就是一个恰当的判断。

上面,我们着重讲述了就判断自身而言,亦即仅就判断自身的组成和结构而言,如何做到判断恰当的问题。这方面的问题当然是重要的,必须认真注意,但是要做到判断恰当,仅仅注意这一方面是不够的,因为判断恰当的问

题更重要的是如何使判断用得合适、用得恰当的问题。

(二) 判断的应用必须恰当

如前所述,判断作为一种思维形式是可以在人们的思维和交际过程中作为一种工具来使用的,而工具的使用,总是服务于,服从于某个具体实践活动的目的和要求的。按此,要使判断的应用是恰当的,就必须对判断所面临的任务,也就是具体实践活动的目的和要求有明确的理解和认识,并据此选择和提出更能适应于、适合于这一目的和要求的判断,那才有可能是应用了一个恰当的判断。从现代语用学的观点来看,这大致上就是一个必须研究话语(其中自然也包含着判断)的语境以及预设等方面的问题。

下面,对此稍作简介。

1. 语境

什么是语境?我们先看几则轶事:

(1) 郑县人卜子,使其妻为袴,其妻问曰:"今袴如何?"夫曰:"像吾故袴。"妻子因毁新令如故袴。

(2) 列车快要到站。列车员叫醒了一位还在窗口打盹的乘客。

"先生,请您出示您的车票!"

"票?我没有。"

"没票?那您上哪儿去?"

"我哪儿也不去。"

"那您干嘛上我们这列车?"

"我正路过车旁,您大声叫'大家快上车坐好!'我就上车了。"

例(1)是说,郑人卜子拿了块新布让妻子给自己做条新裤。当妻子问他裤子要做成什么样子时,丈夫回答是要做得像他穿的那条旧裤子一样。这里所说的"像吾旧袴"显然说的是要按照旧裤子的尺寸、式样,但妻子却离开这一特定语言环境,将其理解为要将新裤做得完全如同旧裤子那样,即旧得一模一样,而不仅仅是式样、尺寸的一样。于是,既然旧裤子上有皱折,还有补丁,她也就把缝好的新裤使劲揉出皱折,并特意把新裤子剪了几个小洞,再打

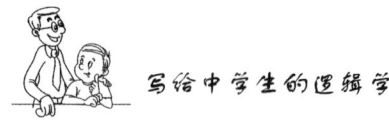

上补丁。

例(2)是说,当列车快开车时,列车员叫"大家快上车坐好",这里所说的"大家"明显指的是坐这趟车的乘客的"大家",而不是泛指包括非这趟车乘客的"大家"。而那位"哪儿也不去"的乘客却正是离开这一语境中的"大家"而冒然上车了。

不难看出这两则故事所涉及的问题都属语境问题。那么,究竟什么是语境呢?

语境指人们在交际过程中表达思想感情的语言环境,它包括说话者、听话者、说话的时间、地点以及交际者共同具有的知识等因素。通常有狭义与广义之分。一般多指狭义的语境,即书面语言的上下文或口头语言的前言后语。广义的语境还包括表达思想时的社会环境。由于任何一个话语,包括由话语所表达的判断,都是在一定的语境中存在和提出的,语境不仅对话语及其所表达的判断有一定的制约作用,而且对话语及其所表达的判断的理解也有一定的解析作用,因此语境不仅对话语及其所表达的判断中所含有的索引词(指汉语中的称谓代词、指示代词以及时间副词、时态助词等)的含义和所指有明确作用,并能有助于消除话语及其所表达的判断的歧义(一些有歧义的话语在确定的语境中就只能有确定的含义,表达确定的判断),补充话语表达中省略的信息,因而也就成为判明一个话语及其所表达的判断是否恰当的标准。只有在一定的语境中,我们才能判定一个判断是恰当的还是不恰当的,而这里所说的语境(包括狭义的和广义的),大体上也正相当于我们前面提出的"在一定时间、地点、条件下的具体实践的要求"。

比如,当我们把"人是有理性的动物"作为对"人"的定义来使用时未必是恰当的,但在特殊的语境下,相对于一个不愿动脑筋的或习惯于感情用事的人,我们的任务在于劝导他要多动脑筋,要用理性来支配自己的言行时,这一判断就是恰当的了。然而对于一个三、四岁的小孩,一个根本不知理性为何物的人,向他提出"人是有理性的动物",那无疑是不合适的、不恰当的。相反,当这个小孩自己不愿走路,总是要人抱时,我们告诉他"人是要站着走路的动物",虽然语意肤浅,却适应了教育小孩要自己多走路的需要,这样的判断又是恰当的。可见,对于判别一个判断是否是恰当的判断,语境无疑是一个重要的标准。

2. 预设

什么是预设？还是先来看看下面两个小品。

(3) 一位妇女走进一家食品商店，对营业员说："小姐，今天上午我在您这儿买了五斤糕点，您在找钱时算错了三块钱。"

"那您当时干嘛不讲，现在才来，已经晚了。"

"那好吧！"妇女平静地说："这三块我就只有拿着了。"

(4) 某古人病重，危在旦夕。一天，他问他的门客："看来我要死了，但不知阴间怎么样？"

门客说："阴间好。"

某古人问："为什么呢？"

门客说："假如阴间不好，死人早就跑回来了，我们只见有人去，从来不见有人回来，这不就可以证明阴间好吗？"

这两则小品都涉及预设不当的问题。在(3)中，当女顾客说营业员"算错了三块钱"而营业员立即表示"已经晚了"、不再做出处理时，营业员心中实际上已有一个预设：当时少付给了该妇女三块钱。由于她不想再补钱给该妇女，所以赶紧表示"已经晚了"。然而，她的这个预设(少付给了该妇女三块钱)在事实上却是一个假判断，于是就有了该妇女最后的那一句话(表明是营业员多付了三块钱给该妇女)。

在(4)中，门客对"阴间好"作了一个荒谬的论证。这个论证也是建立在两个最主要的然而是虚假的预设之上：一个是"有阴间"，另一个是"死人能跑"。如没有"有阴间"这个预设，就根本没有什么"阴间好"的论题；没有"死人能跑"的预设，也就不会提出什么"死人早就跑回来了"的论据。

由此，我们就不难理解什么是预设了。所谓预设是人们在交际过程中，交际双方共同接受的事实和命题。预设和语境有着密切的关系，在给定语境中，说话人无论是进行陈述，提出问题，还是发出命令，提出请求，在说话时总是相信或假定了一些前提条件(某个事实)或背景知识(用命题表示的)，这些假定作为说话双方所共同接受的前提条件或背景知识就是这一语境中该话语(语句)的预设。例如：

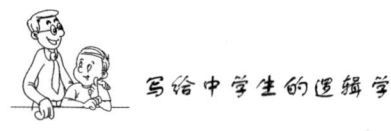

小王说:"学生合唱团唱得好听。"

小李说:"学生合唱团唱得不好听。"

他们的话语及其表达的判断都共同预设了"学生合唱团正在(或曾经在)唱歌"。

小张说:"他今年考上了重点高中。"

小陈说:"他今年没考上重点高中。"

小张和小陈的话都预设"他今年考过重点高中"。

如果我们以 S 表示某一特定语句(表达一特定判断),非 S 表示对 S 的否定,S' 表示它们的预设,那么当 S 真时 S' 真,非 S 真时 S' 也真,即无论 S 是真还是假,都预设了 S'。这是预设的一个重要的性质。因此,一个陈述句及其所表达的判断,如果是有意义的,恰当的,其预设就必须是真的,否则该陈述句及其所表达的判断就是没有意义的,因而也就不可能是恰当的。比如,有人说"小李戒烟了",这就预设了小李曾经吸过烟。如果小李从来不吸烟,那么断定"小李戒烟了"就是一句没有意义的话,而它所表达的判断当然也就不可能是恰当的判断。

其实,不仅陈述句及其表达的判断是如此,即使是疑问句,即提出一个问题也有一个是否有意义的问题,因而也同样存在一个是否恰当的问题。下面,我们举一个记者在采访一位女科学家时的提问为例来说明这一点。由于这位记者采访前对该女科学家没有基本的了解,事先也未作必要的准备工作,以至采访中提出的问题很不恰当,使采访过程中显得极为尴尬。且看下面两人的对话:

记者:"解放多年来,我国高等学府培养了许多人才。请问您毕业于那所大学?"

科学家:"对不起,我没上过大学。我搞科研,主要靠自学。我认为自学也能成才。"

记者:(一愣)"听说,您又成功地完成了一科研项目,请问您的新课题是什么?"

科学家:"看来您并不了解我的工作。我一直致力于这个项目的科

学研究,所以说不上有什么新课题。"

记者:(想改变话题,以缓和气氛)"您的孩子在哪儿学习?"

科学家:"我早已决定把我的毕生精力贡献给自己的事业,因此我一直独身。请原谅,这个问题我不愿意多谈。"

记者:……

从上述对话中不难看出,记者的三次提问都是不恰当的,原因在于它们各自所包含的预设都分别是一个虚假的命题。记者的第一问预设了"女科学家是大学毕业的",至少是"上过大学的",但女科学家事实上根本未上过大学,因此这第一问所包含的预设就是一个虚假的命题,而基于虚假的预设所提出的问题,自然就是不恰当的。第二问预设了女科学家完成了一项新的课题,而根据女科学家的回答,这个预设也是一个假命题,据此第二问也只能是一个不恰当的问题。第三问预设了"女科学家结过婚了"或者"女科学家有孩子",而这些命题也都是假命题,既然预设为假,以其为基础的提问自然也就不恰当了。

综上可见,评价一个判断是否恰当,还可通过分析该判断的预设是否成立,即其真假入手。只有当一个判断所据以提出的预设是一个真命题,该判断才有可能是恰当的,反之,必然是不恰当的。

这样,综合前面对判断恰当所涉及诸方面的分析,我们认为,在人们实际思维和社会交际过程中,要真正做到判断恰当,必须坚持和把握以下几个方面。

1. 判断(以及表达判断的命题)必须是真的,其中也包括作为判断成立的前提的预设必须首先是真的。

如上所述,在一般情况下,一个真的判断未必是一个恰当的判断,但一个恰当的判断首先必须是一个真的判断,换句话说,判断真应当是判断恰当的前提。因为,一般说来,一个假的判断和命题,当其为人们所使用时,总难免被人们视为是一种谎言,一种欺骗,因而很难被人们认为是恰当的。(当然在特殊情况下可以有例外,正如前文所分析的,在那种情况下,人们常常是把判断的真假搁在一边,而仅关心判断是否适合于当时具体语境的需要。)这一点,无须多说。下面,我们仅着重说明,一个判断是恰当的,首先必须要求该判断所借以成立的预设应当是一个真命题。如果一个判断的预设是一个假

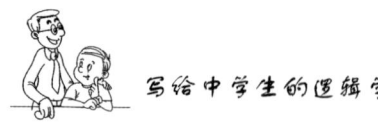

命题,那么该判断就不可能是一个恰当的判断。例如,《晏子春秋·内篇谏上》记载:

> 景公使圉人养所爱马,暴病死。公怒,令人操刀解养马者。是时晏子侍前,左右执刀而进,晏子止而问于公曰:"古时尧舜支解人,从何躯始?"公惧然曰:"从寡人始。"遂不支解。

本例是说,齐景公因其爱马暴病而死,就要令人操刀肢解养马人。晏子不便公开反对,于是向景公提出一个问题:后世诸侯、帝王所一直热衷要效法的尧舜,他们肢解人是从躯体的何处着手的呢?这一问题的预设是"尧舜肢解过人",但这却是一个假命题(英明圣哲如尧舜者,自然不会使用肢解人这种酷刑)。齐景公也意识到这一命题(预设)的虚假,于是只好承认"从寡人始"(明确否定尧舜肢解过人),停止了对圉人的肢解。这表明,晏子正是通过故意提出一个预设虚假的问题,让齐景公意识到"操刀解养马者"这一命令是错误的,当然也就是不恰当的,于是中止了这一酷刑。

2. 判断(或者表达判断的命题)的断定含义必须清晰、明确、无歧义。

如果一个判断的含义不清晰、不明确,甚至有歧义,当然也就不可能是一个恰当的判断,这点无须多说。这里,我们仅着重说明如何才能做到判断清晰、明确、无歧义。

首先,作为判断组成部分的概念(或表达概念的词项)必须是明确、清晰而无歧义的。因为如果组成判断的概念不明确甚至有歧义,那就使得由其构成的判断也必然是不明确、不清晰以至有歧义的。比如:

(5)我以上所写到的那些婚恋形态,其实就是我在《家教》中写到的倪家四对子女的婚恋形态。

(6)非典期间来访者请电话联系后在传达室接待。

(5)中的"倪家的四对子女"这一概念含混不清,因而是一个不明确的概念。按习惯用法,一家有一子一女可称为"一双子女"或"一对子女",按此,"四对子女"似应为四子四女,但习惯上又无此用法。据例中前一句看,谈的是"婚恋形态",似乎指的又应是"四对小夫妻",但这又决不能说成是"四对子女"。显然,由这样含混不清、不明确的概念构成的命题或判断,也就不可能

是明确的、清晰的,当然也就谈不上是恰当的。(6)是一则用命题表示的告示,也表达了一个判断,其中所包含的"接待"这一概念是一个主体概念,表示以主人身份会见、招待客人。按此,"来访者"要"在传达室接待"的说法,就弄不清究竟是"谁"接待"谁"了。这样的判断显然也不可能是一个恰当的判断。

可以想像,如果表达判断的语句(即命题)出现歧义,那样的判断自然也就不可能是一个恰当的判断。如:

(7) 对面的小店关门了。
(8) 我喜欢读小朋友的书。
(9) 研究方法是很重要的。
(10) 学习的是几位优秀的共青团员。

(7)的"关门"一词和(8)的"小朋友的书"这一词组,都存在着歧义,可表示不同的概念。"关门"既指打烊,也可指歇业;而"小朋友的书",既可指关于小朋友的书,也可指属于小朋友的书。据此,由这样的语词构成的命题及由这样的命题所表达的判断,自然也就是有歧义的,不可能是恰当的判断。(9)是由于在表达判断的语句中包含着内部结构关系不确定的词组而造成句子出现歧义。究竟是指"研究方法"是很重要的呢?还是指"研究"方法(即对方法的研究)是很重要的呢?无法确定。句子、命题既然表达的不是一个确定的判断,那怎么还能谈得上是恰当的呢?在(10)中,由于其语词间的相互制约关系不确定而引起该语句的每一个主要成分,既可指称主动者也可指称被动者,从而导致语句出现歧义,表达了不同的判断。这就是说,(10)既可以是说"学习者是几位优秀的共青团员",也可以是说"被学习者是几位优秀的共青团员"。既然如此,由这样的语句、命题所表达的判断自然也就不可能是恰当的判断。类似的情况很多,我们就不一一列举了。

3. 分析判断所面对的具体实践要求以明确判断的目的和任务。换句话说,就是要分析和明确判断所面对的语境及其所需要判断回答和解决的问题,然后再据以形成和做出判断。

人们做出任何一个判断都是出于一定的实践目的并要求达到一定的预期效果,为此最重要的就是要按照语境(狭义的与广义的)的要求来形成和提出自己的判断。试看下面的例子:

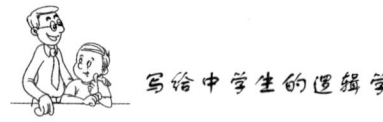

央视四套"台湾百科"节目曾介绍过画家张大千先生的一件趣事。一次,张先生回上海访问,在文艺界为他举行的欢迎酒会上,他也向主人一一敬酒以表示谢忱。在走到梅兰芳大师面前时,他举起酒杯说道:"你是君子,我是小人。"梅氏愕然,张先生接着说:"君子动口,小人动手。"全场欢然,酒会达到高潮。

张大千的这件趣事,让我们从这位大画家身上看到了一位运用成语的高手。当着他向梅兰芳敬酒时说"你是君子,我是小人"时,其时愕然的不仅是梅兰芳,很可能是出席酒会的全体。然而经他一解释,人们就自然意识到唱戏者动口,作画者动手,从而也就领略到了张大千对"君子动口不动手,小人动手不动口"这一成语的运用之妙。这就是说,未经张大千的补充说明,他所说的"你是君子,我是小人"的确令人难以理解,显得不够恰当。然而,一经解释,尤其是考虑到当时的场合、语境,这句话无疑就显得十分恰当。

报载有一位老人去当地储蓄所存钱,刚开口,储蓄所的工作人员就问:"要死还是要活?"老人一下子反应不过来,工作人员倒也耐心,又提高声音问道:"你要死还是要活?"这时老人听清楚了,但却脸也红了,气也急了,话也说不顺了。双方的争吵也就不可避免了。

原来,由于储蓄所业务种类较多,一忙,话就说得简单了,"活期储蓄"简称"活","定期储蓄"相对而言就称"死"。老人不熟悉这个,一听工作人员问他"要死还是要活",自然气就来了。这就表明,语言的使用,必须注意语言的场景意义,亦即广义的语境,即不仅要注意在一定交际场合中所用语词以及由其所表达的概念和构成的命题和判断的前言后语,还必须考虑听话人的情况和特点,包括听话人的接受能力和感情。在一般场合下,相对于熟悉储蓄所业务的某种特定称呼(如"死"、"活"分别指定期储蓄、活期储蓄)的人来说,使用这种简称是恰当的。但对另一些对象,即那些并不熟悉这种简称而只能按"死"、"生"的本义去理解"死"、"活"的人,特别是一些老年人来说,使用这种简称以及由此而形成的话语、判断,无疑是一种极不礼貌的话语,容易使听话者受到伤害,因而是不恰当的。

有刊物曾登过一篇短文《运气上门》,讲的是某石化公司用卡车给居

民送液化气,车身上标着四个大字"送气上门"。作为公司,可说是服务到家,但有的居民却并不领情,他们觉着"送气上门"这几个字不顺眼:你们"送气",我们岂不是要"受气"? 据此,公司恍然大悟,立即将"送气上门"改为"运气上门"。工作性质一点未变,但"运气"送上门来,谁不欢迎呢?

一字之改,受到居民欢迎,赢得了不少口碑。原因就在于这一字之改,使话语及其所表达的判断更适合语境的要求,而显现出较强的亲和力。人们常说"良言一句三冬暖,恶语伤人六月寒",重视话语及其所表达的判断的亲和力,就是指言语的表达应考虑相关对象(人群)的感受,要使他们觉得有一种亲切感。这样的话语及其所表达的判断才称得上是恰当的。

4. 重视话语的表达艺术。

同一个判断可用不同的句子、话语来表达,因此为了做到判断恰当,我们应尽可能采用最适合语境需要的,也就是最能合情合理地为听话人所乐于接受的句子、话语来表达判断。

上海解放后的第三天,陈毅市长邀请上海各界人士开了一个座谈会。会上,周谷城先生说道:"如果解放军还不来,我天天提心吊胆过日子,现在好了,上海解放了,我也被解放了……"陈市长听到这里随即插了一句话:"不是解放,是会师。你们从里头打出来,我们从外面打进去,所以是会师。"

听了这话,当时在场的人们都激动地站了起来,长时间鼓掌。这充分显现出一个语词的更换,使得整个话语(自然也包含着由其所表达的判断)变得更恰当了。因为通过将"解放"改为"会师",一下子就将白区人民群众和解放军放到了完全平等的地位,把白区的革命知识分子由被解放的被动者变成了争取解放的主动者,这不仅体现了我们党同人民群众的血肉联系,也体现了老一辈革命家对知识分子的尊重和信任。可以想像由"会师"一词所形成的话语及其所表达的判断给知识分子带来了多大的鼓舞、信心和力量,增强和调动了多少知识分子参加新中国建设的积极性和自觉性。

以上是我们就判断如何做到恰当所提出的几点主要要求,当然,这并非是做到判断恰当所必须要求的全部。比如,我们在此所谈的,是仅就判断整

体而言的,我们并没有分门别类地去讨论各种不同种类的判断在判断恰当方面有何不同的要求。因为,判断种类的不同就会使得由其所组成的推理及其规则也不同,这表明判断种类的问题,主要涉及不同种类的推理的问题。为此,这方面的问题我们就放到下一章"推理要合乎逻辑"中去说明了。

第三章
推理要合乎逻辑(上)
——简单命题及其有效推理

一、什么是推理

在我国历史上,宋代诗人翁卷曾写有题为《山雨》的诗一首:

> 一夜满林星月白,亦无云气亦无雷。
> 平明忽见溪流急,知是他山落雨来。

诗题既为"山雨",自然是写山雨的。但全诗却无一句写"雨"本身的景象。前二句写的雨前景象:星月皎洁,无云无雷;后二句写雨后景象:溪流湍急。诗人根本未见"他山落雨",怎能"知是他山落雨来"呢?显然,"他山落雨来"是靠已有知识而被推出来的。

(在本山无雨的情况下)如果溪水流急,那么定是他山落雨宛转流来
(平明忽见)溪水流急
———————————————————
所以,定是他山落雨宛转流来

这就是推理,即从已有知识(由横线上方的两个命题表示的道

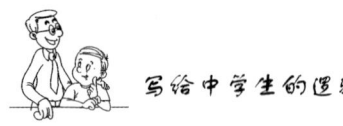

理或事实)出发,推出一个新的命题(横线下方的命题)。

我们再看唐代诗人王建所写的《新嫁娘词》三首诗中的一首:

三日入厨下,洗手作羹汤。
未谙姑食性,先遣小姑尝。

按照古代女子出嫁后的第三天应下厨做菜的习俗,这位新媳妇(新嫁娘)特地洗净手去作羹汤。但问题来了,自己并不熟悉婆婆(唐代称"姑"),更不知婆婆口味如何,怎样才能使自己做的第一次羹汤赢得婆婆的赞许呢?于是,她想到一个妙招,"先遣小姑尝"。她是这样想的:小姑(丈夫的妹妹)和婆婆长期生活在一起,女儿是熟悉母亲的口味的,只要让小姑先尝一尝,看看能否得到小姑的认可,如果小姑认可了,自然也会让婆婆感到合味了。在这里,新媳妇又在头脑中进行了推理。把她的推理简化一下,可以表示为:

(1) 长期生活在一起的人,一般具有相近的食性(口味)
小姑与婆婆是长期生活在一起的人
―――――――――――――――――――
所以,小姑与婆婆具有相近的食性(口味)

(2) 如果小姑与婆婆具有相近的食性,那么符合(或不合)小姑口味的羹汤也一定符合(或不合)婆婆的口味
小姑与婆婆具有相近的食性
―――――――――――――――――――
所以,符合(或不合)小姑口味的羹汤也一定符合(或不合)婆婆的口味

新媳妇所运用的这两个推理,也都是由已知的两个命题推出了一个新的命题。当然,推理不仅可以由两个命题推出一个新命题,也可以由一个或多于两个的命题推出一个新命题。由此,我们就可以给推理提出这样一个简单的定义:推理是由一个或几个已知的命题推出一个新命题的思维形式。

从上述所举诸例中还可看到,推理总是由一些命题构成的。在推理中,作为推理依据的命题(即作为推理据以出发而推出另一个新命题的那些命题,如前述诸例中在横线上方的那些命题),称为推理的前提。由前提推出的命题(即前述诸例中横线下方的命题)称为推理的结论。

 所谓推理就是由前提推出结论的一种思维形式。

可见,一切推理都是由命题组成的。而命题有各种不同的种类,即有各种不同形式的命题,于是由各种不同种类的命题所组成的推理,也就可以区分为具有各种不同形式的推理。比如,在上述推理(1)和(2)中,第一个前提的命题形式就是不同的,即是不同种类的命题,因此它们所组成的推理形式也是各不相同的。

另外还必须说明的是,虽然我们每个人的思维都离不开推理,无论是在交际过程中还是在著文论述中,都会不断地运用推理,但在实际运用过程中,特别是用语言来表达推理过程时,并非都如我们所举前述诸例那样,一定要把前提、结论排列得整整齐齐,一丝不差的。否则,人们的语言交流和文字著述就会显得十分呆板而毫无文采了。所以,在人们对推理的运用中,往往是有所省略,有所简化,有时也可以前后(前提与结论)颠倒。逻辑分析的任务(检验和评价某个人的发言或论述)就在于要透过言语或论述找出其推理结构,对推理是否合乎逻辑予以评定。

二、什么样的推理才是合乎逻辑的

要回答这个问题,必须先弄清一个道理:人们之所以需要推理,在于人们的感性经验、直接知识,或如宋代哲学家张载所说的"见闻之知",是"不足以尽物"的,即不足以认识和把握众多的客观事物。这一方面是因为"今盈天地之间者,皆物也。如只据己之闻见,所接几何?安能尽天下之物?"另一方面,也可以说是更为重要的一方面,在于"见闻之知"往往只能把握事物的现象方面,把握事物的片面和外部联系,而难以把握事物的本质,把握事物的全面和内部联系,因而也就难于把握事物规律性的东西。为此,人们就必须根据已有的"见闻之知",运用自己的各种感性经验、直接知识,通过推理去获得关于事物的各种间接知识,包括关于事物的各种内部联系、事物的本质和规律性的知识。既然如此,人们就自然要求通过推理获得的各种知识应当是确实可靠的真实的知识。然而,要做到这一点,仅仅依靠作为推理根据的前提知识的真实性,是不够的。比如,某校高中三年级的小孙和小刘两位同学有这样一段对话:

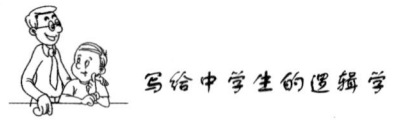

小孙：小刘，快要考大学了，你该学习努力点。

小刘：我又不想要考大学！（言下之意，也就是自己"不需要学习努力点"）

在这短短的两句对话里，小孙和小刘在说话中就各自进行了一次推理：

(1) 小孙话中包含的推理：

凡想要考大学的人是需要学习努力点
你是想要考大学的人
————————————————
所以，你是需要学习努力点

(2) 小刘答话中包含的推理：

凡想要考大学的人是需要学习努力点
我不是想要考大学的人
————————————————
所以，我不需要学习努力点

推理(1)和(2)都是后面将要讲到的一种直言推理（即三段论）。它们都由两个前提推出了一个结论。(1)的两个前提都是真的，推理的结论也是真的，因为不管小刘想不想要考大学，都是"需要学习努力点"的。(2)的两个前提都是真命题，但推出的结论却是一个假命题。那么为什么同样由两个真前提出发，一个推出了真结论，另一个却推出了假结论呢？原因就在于(1)遵守了它使用的那种推理的规则，是一个形式正确（亦称形式有效）的推理，而(2)却违反了它使用的那种推理的规则，是一个形式不正确（亦称形式无效）的推理。至于它们何以是遵守或违反了推理规则，后面讲到各种推理的规则时，再作具体说明。

这就是说，要想正确地使用一种推理，以保证从真前提能必然推出真结论，就不仅要求推理的前提是真的，而且要求推理的形式是有效的，即合乎该种推理的规则。也只有这种推理形式有效的推理才称得上是合乎逻辑的推理，而那些违反逻辑规则的、推理形式无效的推理，就只能是不合逻辑的推理了。鉴于推理前提的真实性并不是逻辑学所能保证的，那是需由各门具体科学去解决的，因而它不是逻辑学的研究内容。逻辑学所要研究的是推理形式的有效性。它告诉我们，什么样的推理是有效的，因而是合乎逻辑的；什么样

的推理是无效的,因而是不合乎逻辑的。

 逻辑学对推理的要求必然是而且也只能是推理要合乎逻辑。

不过,以上所说的推理主要指的是那些具有必然性的推理,即由真前提能必然推出真结论的推理。在逻辑学上,通常把这类推理称为演绎推理,也就是前提能蕴涵结论的推理。对这类推理来说,前提真实而结论虚假是不可能的,即只要其前提是真的,推理形式是有效的,那么结论就必然为真,所以这类推理也可称为必然性推理。换句话说,在这类推理中,其推理形式能够保证由真前提必然推出真结论。这种运用有效的推理形式而进行的推理,我们也可称之为有效推理。反之,如果由真前提推出了假结论,我们就称该推理是一个无效的推理,如前述推理(2)。在这种必然性推理中,如果推理形式是有效的,即前提与结论之间的联系符合该种推理的逻辑规则,即使其前提是不真实的,我们也只能认定它是有效的,合乎逻辑的,因为前提的真假不是逻辑问题,不属逻辑学研究的任务,也不是逻辑学所能解决的。

那么,对于那些前提真实但不能必然推出结论也为真的推理,即非必然性的推理,我们又该如何对其进行评定呢?下面,我们再简要讲述一下这个问题。

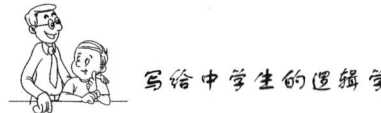

在逻辑学中,我们把那种由真前提并不能必然推出真结论的推理称为非必然性推理,亦即或然性推理。就传统逻辑而言,这类推理主要是归纳推理(广义的归纳推理也可包括类比推理和假设等),其主要特点在于,运用这种推理,前提真而结论假是有可能的。比如:

某中学的语文教学水平高
某中学的数学教学水平高
某中学的外语教学水平高
───────────────
所以,某中学的所有各科教学水平高

这就是一个归纳推理,它是根据某类对象中有一部分对象具有(或不具有)某种性质,从而推出该类对象都具有(或不具有)某种性质的推理。由于在这种推理中,其结论所涉及的知识范围超过了前提所涉及的知识范围,即便这一推理的所有前提都是真的,也不能保证其结论就是真的,因此不宜像对演绎推理那样用"有效性"来对其进行评定。那么,我们究竟应当如何来评定这类推理呢?一般地说,用"合理性"这个概念来进行评定是较为适当的。以上例而言,既然根据已经了解的情况,知道所考察过的该中学的语文、数学、外语的教学水平高,那么我们自然也可以由此推论,该校的其他各科教学水平也同样是高的。这一归纳结论虽然不是从已知的一系列前提中必然得出的,但我们也不能不承认它的得出是有一定根据的,是得到了那些真前提的一定程度的支持的。如果在这类推理中提供支持的前提越多,越有力,其结论的可信度(可靠性程度)也就越高。结论的可信度越高,该归纳推理也就越合理。也因此,逻辑学家传统上认为归纳推理的合理性可以通过前提的数目及其所涉及范围的大小来确定的,即当其前提的数目越多,涉及的范围越广而未发现反例时,结论的可信度就越高,该归纳推理就越合理。在现代,逻辑学家主要是借助概率方法来描述归纳推理的合理性:当概率越大时,结论的可信度越高,该归纳推理就越合理。

到此,我们也就可以对本节一开始提出的问题——什么样的推理是合乎逻辑的——做一简要的回答。所谓推理要合乎逻辑是指推理的前提和结论之间的联系是合乎逻辑的。就作为必然性推理的演绎推理来说,就是指推理的形式是合乎逻辑规则的,即推理形式是有效的,能保证从真前提必然推出

真结论。对于作为或然性推理(非必然性推理)的归纳推理来说,当然也要求推理是合乎逻辑的,但这里所说的合乎逻辑就不是像演绎推理那样,要求合乎推理形式的相关规则,因为既然或然性推理并不能保证我们由真前提必然推出真结论,那就意味着我们难以精确地概括出这种推理的推理规则,因而也就不可能用形式的有效性去要求它们,而只能要求它的推理进程是合理的,是有一定的前提作为根据而不是毫无根据地随意推论的。因此,对于归纳推理来说,就不能像演绎推理那样来理解和评定其是否合乎逻辑的,而只能较宽松地说,只要推理是合理的,也就在一定意义上是合乎逻辑的。这样,我们在讨论如何才能做到推理合乎逻辑的问题时,就只能对演绎推理和归纳推理分别予以说明。下面,我们先讨论演绎推理的各种形式如何能合乎逻辑的问题。由于推理合乎逻辑的问题实际上是一个推理必须遵守推理的逻辑规则的问题,所以在本章里,我们先讨论由简单命题及其有效推理的问题,下一章再讨论复合命题及其有效推理的问题。

三、简单命题及其有效推理

什么是简单命题的推理呢?先看下述几个推理:

(1) 所有团员都是青年

所以,有的青年是团员

(2) 所有鲸鱼不是鱼

有的水生(哺乳)动物是鲸鱼

所以,有的水生(哺乳)动物不是鱼

无论是(1)还是(2),它们的前提和结论都是作为简单命题的直言命题。这种由简单命题充当前提与结论的推理就是简单命题推理。它们都是具有必然性的演绎推理。

至于什么是简单命题,我们在前一章里已经初步说明过。简单命题是自身不再包含其他命题的一类命题。换句话说,其组成要素只是概念(或者说是表达概念的词项)而非判断的那类命题。主要包括直言命题(即断定对象具有或不具有某种性质的命题,亦称性质命题)和关系命题(断定对象之间具

有或不具有某种关系的命题)。我们这里着重要介绍的是直言命题。上述推理(1)和(2)的两个前提和结论都是直言命题。而且,从这两例中,我们也可以清楚看到四种不同的直言命题:

全称肯定命题:断定某类中每一个对象都具有某种性质的命题。如"所有团员都是青年"。

全称否定命题:断定某类中每一个对象都不具有某种性质的命题。如"所有鲸鱼不是鱼"。

特称肯定命题:断定某类中有对象具有某种性质的命题。如"有的青年是团员"。

特称否定命题:断定某类中有对象不具有某种性质的命题。如"有的水生动物不是鱼"。

如果我们用"S"表示主项,用"P"表示谓项,那么我们就可以将这四种直言命题的逻辑形式表示为:

所有 S 是 P(通常写为 SAP,也可简写为 A)

所有 S 不是 P(通常写为 SEP,也可简写为 E)

有的 S 是 P(通常写为 SIP,也可简写为 I)

有的 S 不是 P(通常写为 SOP,也可简写为 O)

需要指出的是,SAP、SEP、SIP、SOP 等仅仅是直言命题形式,而不是直言命题,因为 S 和 P 只是变项,当变项没有为某些确定的概念所代换时,SAP、SEP、SIP、SOP 都是无所谓真假的,而只有或真或假的语句才是命题。

直言命题除了上述四种最基本的形式外,还有一种单称命题,即断定某个单独对象是否具有某种性质的命题。按其联项的性质,又可分为单称肯定命题,即断定某个单独对象具有某种性质的命题,如"北京是中华人民共和国的首都";单称否定命题,即断定某个单独对象不具有某种性质的命题,如"黄河不是中国最长的河流"。由于单称命题是对某一单独对象具有或不具有某种性质的断定,就主项的外延而论,只要是对该单独对象做出断定,也就是对反映该对象的概念的全部外延做了断定,这就类似于全称命题,故在一般情况下可将单称命题作为全称命题来对待。这样,直言命题仍旧包括上述四种基本形式。

弄清了上述四种直言命题后,我们就可以用它们来进行简单命题的推理。

（一）直言命题的直接推理

由一个直言命题为前提推出另一个直言命题为结论的推理，就是直言命题的直接推理。

比如：

（3）迷信不是科学
────────────
所以，科学不是迷信

可横写为：

迷信不是科学，所以，科学不是迷信。

其推理形式用符号可横写为：

S 不是 P→P 不是 S

其中，"→"表示前提到结论的推出关系，读作"推出"。

（4）迷信不是科学
────────────
所以，迷信是非科学

其推理形式可横写为：

S 不是 P→S 是 $\bar{P}$

其中，"$\bar{P}$"表示 P 的矛盾概念，读作"非 P"。

推理(3)和(4)都是由一个直言命题作为前提而推出另一个直言命题作为结论，所以它们都是直言命题的直接推理。(3)是通过改变前提中主项和谓项的位置（即变主项为谓项，变谓项为主项）而由作为前提的原命题推出一个新的命题作为结论。这种推理就是直言命题变形法推理中的换位法推理，简称换位法。

进行换位法推理必须遵守两条规则：

第一,换位法只是改换原命题主项和谓项的位置,原命题的质保持不变,即作为前提的原命题如为肯定(或否定)命题,通过换位所得到的结论应仍为肯定(或否定)命题。

第二,换位后的主项和谓项在原命题中如没有被断定其全部外延(逻辑学上称之为不周延),换位后不得断定其全部外延(逻辑学上称之为周延)。这是因为,作为结论的新命题是由作为前提的原命题推出的,如果原命题中不周延的项(即未被断定其全部外延的主项或谓项),在结论中却周延了(即被断定了其全部外延),那就意味着结论不完全是由前提推出的,前提的真就不可能必然保证结论的真。

按此,A、E、I、O四种直言命题的换位法推理,可概括为下表:

前提(原命题)	结论(换位后所得命题)
SAP	PIS
SEP	PES
SIP	PIS
SOP	不能换位

在换位推理中,常见的逻辑错误是违反换位法的规则,致使在前提中不周延的项,在结论中却周延了。比如《伊索寓言》中有一则题为《狗和海螺》的寓言,其中的那只狗就正好犯了这种错误。该寓言的大意是:

(5) 有一只狗习惯于吃鸡蛋,久而久之,它意识到"一切鸡蛋都是圆的"。

有一次,它看见一个圆圆的海螺,就以为是鸡蛋,于是张大了嘴,一大口就把海螺吞下肚去。

后来觉得肚里沉重,很是痛苦,说道:"我真是活该,相信一切圆的都是鸡蛋。"

寓言中的狗,由相信"一切鸡蛋都是圆的",进而相信"一切圆的都是鸡蛋",以至把圆圆的海螺当鸡蛋吞下,吃尽苦头,其错误就正在于它由全称肯定命题"一切鸡蛋都是圆的"推出了全称肯定命题"一切圆的都是鸡蛋"。而这实际上是一个错误的换位法推理:"圆的"这一概念在原命题中作为肯定命题的谓项是不周延的,但在换位后所得到的命题中作为全称命题的主项却周延了。

这就违反了换位法的后述规则:在前提中不周延的项,在结论中不得周延。

其实,前面列表中所提到的特称否定命题不能换位的原因也正在于此。因为特称否定命题的谓项总是周延的,而其主项是不周延的,如果将其换位,原不周延的主项换位而成为结论的谓项,即成了否定命题的谓项,就周延了,这必然违反换位法的上述规则。比如,从"有的学生不是中学生"这一命题出发进行换位推理,得到结论"有的中学生不是学生",而后者显然是一个不真实的命题。原因就在于"学生"这一概念在原命题中不周延,但在结论中成了否定命题的谓项,却周延了。这就违反了规则,不合逻辑了。

下面,再讲直言命题变形法推理中的另一种直接推理。

前述推理(4)由前提"迷信不是科学"推出"迷信是非科学"的结论,这种直接推理称为换质法推理,简称换质法。它是一种通过改变原命题的质(即改变原命题的联项,把肯定命题改变为否定命题,或把否定命题改变成肯定命题),并将原命题谓项改为其否定概念(即原命题谓项的矛盾概念,如原命

题谓项为 P,其矛盾概念则为非 P,用符号表示为"$\bar{P}$")而推出一个新命题的方法。比如,将"有的中学生是团员"变成"有的中学生不是非团员"。通过换质法,可将原来的肯定命题改变成与之等值的否定命题,即如果原命题是真的,则变换质后所得到的命题也是真的。按此,A、E、I、O 四种命题的换质情况可列表如下:

前提(原命题)	结论(换质后所得命题)
SAP	SE$\bar{P}$
SEP	SA$\bar{P}$
SIP	SO$\bar{P}$
SOP	SI$\bar{P}$

通过换质法,我们就可以得到一个与原命题等值的不同形式(命题的质不同了)的新命题,这不仅可以使言语表述多样化,而且在很多情况下,还可以使表述更加有力。比如,我们可以将换位法和换质法连续地交错使用而提出一些在直观上不易发觉的新结论,从而使我们的言语表述方式更加灵活多样。举个例子,我们可以将 SAP 命题先换质,后换位而得到新的命题(结论),用公式表示即为:

$$SAP \to SE\bar{P} \to \bar{P}ES \to \bar{P}AS \to S\bar{I}P$$

也可将其先换位,后换质:

$$SAP \to PIS \to PO\bar{S}$$

接下来,PO$\bar{S}$ 应换位。但因 O 命题不能换位(一换位就违反规则),故只能到此为止。

在这里,我们试举一个例子,来说明这两种命题变形的方法在日常生活中的运用。

(6) 有这样一段相声:

甲:不会说话净得罪人。明明是好意呀,别人听了也不舒服。

乙:有这样的事?

甲:我大爷就因不会说话,老得罪人。有一次我大爷请客,请了四位客人到饭馆吃饭。约好下午六点钟。到了五点半,来了三位,有一位没

来,这位还是主客。

乙:那就再等会儿,实在不来就吃吧!

甲:我大爷可是个守信用的人,一直等到六点半,那位还没来。他急啦,自言自语地说:"该来的不来!"其中有一位听了就不痛快啦:"怎么,该来的不来?那我是不该来的呀!我走吧!"他下楼走了。

乙:得,气走了一位。

甲:我大爷在楼上左等右等,那位主客还是没有来,不但那位没有来,还走了一位。我大爷又说啦:"唉,真是,不该走的走了。"另外一位又嘀咕了:"什么!不该走的走了。没诚意请我呀!我也走吧!"他也走了。

乙:有这么说话的吗?又气走了一位。

甲:就剩下一位啦!这位跟我大爷是老交情,他对我大爷说:"兄弟,你以后说话可要注意点,哪有这么说话的呀!'不该走的走了',那人家还不走?以后可别这么说啦!"

我大爷解释说:"大哥,我没有说他俩呀!""哦!说我呀,我也走吧!"

乙:全气走啦!

从上述对话中可见,由于甲的大爷说话不够恰当,客人相继被气走了。那么,那位大爷的话为什么是不恰当的呢?我们用上面刚刚讲过的直言命题变形法的直接推理来分析一下,就会非常清楚了。

那位大爷气走第一位的话是"该来的不来"。如为其加上联项即为命题"该来的是不来的",如用换质法则可得命题"该来的不是来的",再将其换位即可推出"来的不是该来的",再换质即为"来的是不该来的"。这样,自然会引起来了的客人的不愉快而被气走了。

第一位客人被气走后,那位大爷又说"不该走的走了",加上联项即为命题"不该走的是走了的",用换质法即可推出"不该走的不是没有走了的",再用换位法即得"没有走了的不是不该走的",再进行换质,即得命题"没有走了的是该走的"。这不等于是在下逐客令吗?无怪乎另一位客人又被气走了。

至于为什么那位老朋友听了"大哥,我没有说他俩呀!"也被气走了,这是因为已经来了的客人只有三人,既然上面那些不恰当的话不是讲的走了的两位,那就只能是讲的这剩下的一位老朋友了。他自然也就不能不被气走了。在这里,所涉及的推理是一个选言推理。关于选言推理的问题下面即将讲

到,这里暂不予介绍。

这段相声说明,懂得并学会运用直言命题变形法的直接推理,不仅有助于我们通过直言命题的变形法来更明确地理解和把握一个直言命题的含义和内容,而且有助于我们在日常交际中更恰当地使用话语及其所表述的判断,或更准确地理解和领会别人的话语及其所表述的判断,而这无疑都会更加提高我们正确思维和有效交际的效率和水平。

下面,我们再介绍另一种直言命题的直接推理,即依据直言命题的逻辑方阵所表示的命题间关系而进行的直接推理。所谓逻辑方阵,指的是用来表示具有相同素材(即主项或谓项分别相同)的A、E、I、O四种类型的命题之间的真假制约关系的一种图式。

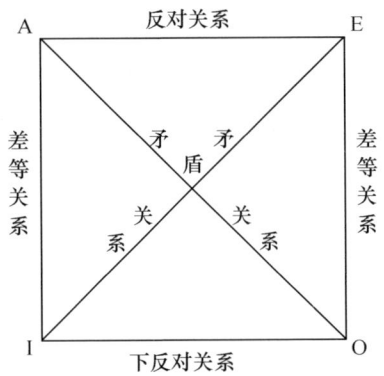

如以"物体"、"固体"分别为这四种命题的主项和谓项,那么就会形成素材相同的具有A、E、I、O命题形式的四个命题:"所有物体是固体"(A)、"所有物体不是固体"(E)、"有的物体是固体"(I)、"有的物体不是固体"(O)。而这四个命题之间存在着一种规律性的真假制约关系,根据这种关系就可进行相应的直接推理。比如:

"所有物体是固体"这一A命题是假的,"所有物体不是固体"这一E命题也是假的,但"有的物体是固体"这一I命题却是真的,而"有的物体不是固体"这一O命题也是真的。我们暂称此为"情况一"。

如果我们分别用"物体"和"静止的"作为A、E、I、O命题的主项和谓项,那么其相互间的真假制约关系又有所不同了:"所有物体是静止的"这一A命题显然为假,"所有物体不是静止的"这一E命题为真,"有的物体是静止的"这一I命题为假,而"有的物体不是静止的"这一O命题为真。我们暂称此为

"情况二"。

如果我们仍用"物体"为主项,而将谓项换为"运动的",那么,A 命题"所有物体是运动的"为真,E 命题"所有物体不是运动的"为假,I 命题"有的物体是运动的"为真,O 命题"有的物体不是运动的"为假。我们暂称此为"情况三"。

把上述三种情况综合起来,我们就可清楚看到上述逻辑方阵所表示的命题之间在真假值上存在的一种相互制约关系:

先看 A 与 E 之间的关系。在情况一中,A 是假的,E 也是假的;在情况二中,A 是假的,E 是真的;在情况三中,A 是真的,E 是假的。由此可见,二者的真假制约关系是:一个真,另一个必假;一个假,另一个真假不定(即一种情况下可以为真,另一种情况下可以为假)。所以如此是不难理解的。一个真,则另一个为假,原因自明,无需多说。一个假,另一个为什么真假不定呢?问题在于当一个全称肯定(或否定)命题为真时,如果其真是由于该命题对象全都如此或全部都不如此(如情况二和情况三中的 A 命题和 E 命题),一个假,另一个必真;但如其真是由于该命题对象只是部分如此或不如此(如情况一中的 A 命题和 E 命题),作为全称命题的二者皆假。这就是说,当二者中一个为假时,另一个是可假也可真的,亦即二者可以同假,但不能同真。这种关系在逻辑学上通称为反对关系或对立关系。按照这种关系就可进行下述直接推理:由其一个真可推出另一个必假;但由一个假,却推不出另一个的真或假。再概括一点说,二者可由真推假,但不能由假推真。

再看 A 与 I 或 E 与 O 之间的关系。这两组命题都是一为全称命题、一为特称命题,所以它们之间的真假制约情况是相同的。我们仍以上述三种情况为例来具体说明。在情况三中,A 真时,或在情况二中,E 真时,其中的 I 与 O 分别皆为真;在情况一中,A 与 E 皆为假时,其中的 I 与 O 皆为真;在情况二中,A 为假时,I 也为假;在情况三中,E 为假时,O 也为假。由此可见,A 与 I 和 E 与 O 之间的真假制约关系是:当全称命题为真时,特称命题必为真;当全称命题为假时,特称命题在一种情况下为真(即当某对象只是部分如此或不如此,而非全部对象如此或不如此时),在另一种情况下为假(即当某类对象全部如此或不如此时)。对此再作概括即为:全称真,则特称必真;全称假,则特称真假不定。按此,反过来则为:特称假,则全称必假(某对象部分如此或不如此既然为假,讲全部如此或不如此,自然更假了),特称真,则全称真假不

定(某对象部分如此或不如此时,并不能保证该对象全部如此或不如此)。可见二者的关系是既可同真也可同假的关系。逻辑学上称这种关系为差等关系。按照这种关系可进行下述直接推理:由全称真,可以推出特称必真;但全称假,不能推出特称的真或假;由特称假,必然推出全称假;但由特称真,不能推出全称的真或假。

再看 I 与 O 之间的关系。从前述三种情况中也可概括出二者的真假制约关系:一个真,另一个真假不定(在情况一时,一真,另一也真);一个假,另一个必真(在情况二和情况三时)。概括地说,二者只能同真,不能同假。逻辑学上称此为下反对关系。据这种关系,可进行以下直接推理:由一个假,推知另一为真;但由一个假,不能推知另一个的真或假。

最后,再分析 A 与 O 或 E 与 I 之间的关系。这是一个全称命题与其联项的质相反的特称命题之间的关系。从上述三种情况都可以看出,它们之间的真假制约关系是:一个真,另一个必为假;一个假,另一个必为真。概括地说,二者的关系是不可同真,不可同假。逻辑学通称此种关系为矛盾关系。据此,可进行下述直接推理:由一个真,推知另一个必假;由一个假,推出另一个必真。

(二)直言推理的间接推理:三段论及其规则

直言推理的间接推理主要指由两个直言命题为前提推出另一个直言命题为结论的推理。这就是传统逻辑所说的三段论。

那么,什么是三段论?怎样的三段论才是一个合乎逻辑的三段论呢?且看下面两段记事:

(1) 一个年轻的母亲写道:有一天孩子不肯吃晚饭,还振振有词地说:"肚子饿是要吃饭的。我又不饿,为什么要吃饭!"看他说得那么有理有据,我也没辙了。到了半夜,孩子突然哭闹起来,非要我讲故事不可。我说:"睡前已经给你讲过八个故事了,现在不讲了,睡觉。"他就是不依。过了一会他又说:"饿了,要吃饭!"我想,小孩子不能惯坏了,得给他做规矩。谁叫他不肯吃晚饭,现在不能吃,让他饿一下,以后就知道不能不吃晚饭了。可是,孩子就是不依不饶。我实在疲惫无策,打了他几下,他又

大叫起来:"不许打人,打人是坏小孩,妈妈是坏小孩。"

(2) 一个机关干部有这样一段记事:

上午在小礼堂参加一个会,七八个领导作了重要讲话。每个领导讲话的开始和结束都得鼓掌。会议结束后,又去参加一个已故领导的追悼会。一进会场刚站定,正巧主持会议的领导宣布:下面请李副书记致悼词,我急忙将手中纸扎的小白花衔在嘴上,腾出双手使劲鼓起掌来。

记事(1)中的孩子在其前后两次哭闹中的言论,实际上都是在自发地运用三段论这种推理形式。第一次用的三段论是:

　　肚子饿是要吃饭的
　　我又没有(不是)肚子饿
　　―――――――――――
　　所以,我不(是)要吃饭的

第二次用的三段论是:

　　凡打人的是坏小孩
　　妈妈是打人的
　　―――――――――――
　　所以,妈妈是坏小孩

记事(2)中的干部,一听说领导(李副书记)要讲话(致悼词)就迫不及待鼓起掌来,是因为他长期养成的某种习惯所致。其中同样是自觉或不自觉运用了下述这样一个三段论:

　　凡领导讲话(开始或结束)是要鼓掌的
　　现在(李副书记讲话)是领导讲话
　　―――――――――――――――――
　　所以,现在(李副书记讲话)是要鼓掌的

上述三个三段论虽然在命题内容上是各不相同的,但它们在推理形式却是大体相同的:

首先,它们都由三个直言命题构成,其中两个直言命题是前提,另一个直言命题是结论;

其次,每个三段论都有而且只有三个不同的概念(如在小孩子所用的两

个三段论中,分别为"肚子饿"、"要吃饭"和"我";"打人的"、"坏小孩"和"妈妈");

最后,这三个不同的概念都是两两重复的。如果一个概念只在前提中重复,称为中项,常用"M"表示;另两个概念在前提和结论中分别重复,其中在结论中作主项的称为小项,常用"S"表示,在结论中作谓项的称为大项,常用"P"表示。按此,我们就可以给三段论下一个定义:三段论是由两个包含着一个共同项的直言命题作前提,推出一个直言命题为结论的演绎推理。这就是说,三段论是一种必然性推理,一个三段论只要遵守了相应的推理规则,其前提真而结论假就是不可能的。换句话说,从真前提必然能推出真结论。

根据三段论的这一定义,三段论的典型的,即最具代表性的形式可表示为:

$$
\begin{array}{c}
M \quad P \\
S \quad M \\
\hline
S \longrightarrow P
\end{array}
$$

前述小孩和干部分别应用的三个三段论都属于这种典型的形式。除此之外,三段论还可以有其他三种形式,例如:

所有哺乳动物是胎生动物
有些动物不是胎生动物
————————————
所以,有些动物不是哺乳动物

该三段论的形式是:

$$
\begin{array}{c}
P \quad M \\
S \quad M \\
\hline
S \longrightarrow P
\end{array}
$$

再如:

所有的鲸鱼是哺乳动物
所有的鲸鱼都是水生动物
————————————
所以,有的水生动物是哺乳动物

这个三段论的形式是：

```
M ─┐ P
M ─┘ S
─────
S ── P
```

按照三个概念组成的两个前提的排列组合，还应当有下述三段论形式：

```
P    M
 ╲  ╱
M    S
─────
S ── P
```

但具有这种形式的三段论在日常运用中是很少见的，所以就不再举例说明了。

三段论的上述四种形式，仅仅是按中项（M）、大项（P）和小项（S）在前提中的不同位置来排定的。其实，如果将组成这四种形式的命题都按其质（肯定或否定）和量（全称或特称），即按具有 A、E、I、O 四种形式的命题来排列组合，那就可以构成许许多多的三段论形式：如两个前提和结论均为 A 的 AAA 式；一个前提为 A，一个前提为 E，结论为 E 的 AEE 式；一个前提为 A，一个前提为 I，结论为 I 的 AII 式，等等。但是，并非由此而形成的所有三段论形式都是正确的、有效的，其中有的可能是有效式，有的则可能是无效式。关键在于它们是否遵守了三段论的各条规则，凡遵守了的，就是有效式，就是合乎逻辑的；反之，则是无效式，是不合逻辑的。

那么，三段论规则有哪一些呢？首先请看古希腊的一个关于"你有角"的推论：

凡你没有失去的东西就是你所有的
角是你没有失去的东西
─────────────────
所以，角就是你所有的

这是一个三段论，其两个前提应当说都是真的，但结论却是一个假命题，为什么呢？原因就在于两个前提中的"你没有失去的东西"一词，就语词而

言,固然是相同的,但它们却具有不同的意义,表达着不同的概念。在大前提中,它指的是你本来有但没有失去的东西,在小前提中,它指的却是你本来没有因而也没有失去的东西。这就是说,这个貌似中项的语词表达的是两个内涵各不相同的概念。由此,组成这个三段论的概念就不再是三段论所要求的三个,而是变成了四个。由于没有唯一的共同的中项,大、小项也就不可能建立起必然的联系,于是前提的真自然也就不能保证结论必然为真了。

运用三段论必须遵守这样一条规则:一个三段论必须有而且只能有三个不同的概念,不能多,也不能少。多了,就将不只有构成三段论所必须的三个命题;少了,则构不成三个命题,因此,这条规则可以说是关于三段论本身结构的规则。

再如:

有一年,某省中等入学考试的数学试题中,有这样一道题目:"有一个三角形,它的三条边分别为 3 cm、4 cm 和 5 cm。请问:这是一个什么三角形?"

许多考生都懂得这是个直角三角形,但不少考生却是这样来论证的:"从毕达哥拉斯定理可知,凡是直角三角形都是斜边的平方等于其他两边平方之和,而这个三角形(指试题中举出的)的斜边平方等于其他两边平方之和,所以这个三角形是直角三角形。"

采取这种论证方法的考生都认为自己论证是对的,但阅卷老师们却认为这样的论证包含着逻辑错误,违反了数学所要求的推论的精确性。

问题出在哪里?主要出在这些考生所采取的这种论证方法,运用的是下述这样的三段论形式:

P 是 M
S 是 M
―――――――
所以,S 是 P

而这却是一个错误的、无效的三段论。因为,其中的中项 M 在两个前提中都处于肯定命题谓项的位置,而肯定命题的谓项是不周延的,因此中项在前提中一次也未能周延。在这种情况下,就必然意味着大项和小项一次也未能同中项的全部外延发生关系,即它们都只是分别与中项的部分外延发生关系,这样就必然使得大项与小项通过中项的媒介而不可能形成确定的关系,自然也不可能得出确定的必然结论了。试看一个更简单的例子:

共青团员是青年
小张是青年
―――――――
所以,?

由于其中的"青年"作为中项一次也未周延,"小张"同"共青团员"之间自然也就形不成确定的联系,我们既不能因此而推出结论"小张是共青团员",也不能因此而推出结论"小张不是共青团员"。这就是为什么阅卷老师们要认定前述例子中有的考生采取的那种论证方法包含逻辑错误的原因所在。

因此,改正这一错误的方法是:把大前提"凡是直角三角形都是斜边的平方等于其他两边平方之和"改写为"凡是斜边的平方等于其他两边平方之和的三角形都是直角三角形"(因为这是一个定义性质的命题,其主、谓项外延是相等的,因而是可以互换其位置的)。由此即可构成如下一个三段论:

凡是斜边的平方等于其他两边平方之和的三角形是直角三角形
这个三角形是斜边的平方等于其他两边平方之和

所以,这个三角形是直角三角形

这就是一个前提真实、形式有效的三段论。

关于三段论中项的一条重要规则:中项在前提中至少周延一次。这就是说,中项在前提中可以两次周延,但不能一次也不周延。否则,即使前提真而且结论在事实上也真,但在逻辑上却是错误的、无效的。这是关于三段论中项的一条规则。

关于大项和小项也有其相应规则。这条规则我们在前面讲述直言命题的换位法推理时就曾讲到过。

在前提中不周延的项,在结论中不得周延。相对于三段论来说,可具体化为:大项或小项如果在前提中不周延,那么在结论中也就不得周延。

因为如果大项或小项在前提中不周延而在结论中却周延了,那就意味着大项或小项在前提中并未使用它们的全部外延(也就是仅仅使用了它们的一部分外延)同中项发生联系,而在结论中却使用了它们的全部外延,这就使结论的断定范围超出了前提所断定的范围,这样前提的真就不能为结论的真提供必要的保证。比如:

一天下午,小王对小李说:锻炼身体的时间到了,一起去锻炼锻炼身体吧!

小李回答说:不想去。

小王问:为什么?

小李说:我又不是运动员。

小王大笑说:这是什么逻辑!你不是运动员,你就不去锻炼身体了?

小王所以笑问小李这是什么逻辑,就是因为小李的回答中包含了一个错误的三段论:

　　凡运动员都是需要锻炼身体的
　　我又不是运动员
　　―――――――――――――
　　所以,我不需要锻炼身体

这个推理正好违反了我们刚刚分析过的这条规则。在推理中,大项"需要锻炼身体"在大前提中是肯定命题的谓项,是不周延的,可在结论中作为否定命题的谓项,却周延了,这就违反了在前提中不周延的项在结论中不得周延这条规则,犯了"大项扩大"的逻辑错误。

又如:

　　我国学术界曾经开展过一场"真理有没有阶级性"的学术讨论,一些同志断言"真理是有阶级性的",他们的理由是"马克思主义是有阶级性的,而马克思主义是真理"。

　　持相反观点的同志却对之批评说:"这样的推理是不合逻辑的。"争论双方各执一词,互不相让。

在这里,我们不想对问题本身说三道四,我们感兴趣的只是争论中反映出来的逻辑问题。那么,上例中主张"真理是有阶级性的"的同志,是否如批评者所说其"推理是不合逻辑"的呢?我们的回答是肯定的。为什么呢?只要将他们的推理展示出来就可以看得很清楚了。这些同志的推理是:

　　马克思主义是有阶级性的
　　马克思主义是真理
　　―――――――――――
　　所以,真理是有阶级性的

不难看出,这同样是一个违反了前述这条规则的三段论。因为其前提中的小项"真理"作为肯定命题的谓项是不周延的,但在结论中却作为一个省去了全称量项的全称命题的主项而变得周延了。这种违反推理规则的三段论自然是不合逻辑的、不能成立的。

三段论还有两条关于前提的规则,其一是两个否定命题作为前提不能推出结论;前提之一是否定命题,结论必然是否定命题;当结论为否定命题时,前提之一应为否定命题。

小夏和小蔡在大海边游玩,看见一片片风轮机叶片在不停的转动,小夏兴奋地说:"这是风力发电啊!这可是清洁能源。"

小蔡问道:"为什么?"

小夏回答说:"会产生污染的不是清洁能源,而风力就不会产生污染嘛!"

小蔡欣赏的说:"你懂得真不少啊!"

其实,小蔡的欣赏并不合适,因为小夏的结论"这(指风力)是清洁能源"固然是正确的,但其推出这一结论的推理形式却是不正确的。小夏的推理如下:

会产生污染的不是清洁能源

风力不是会产生污染的

所以,风力是清洁能源

不难看出,这个三段论是由两个否定的前提推出了一个肯定的结论,其推理形式是:

M 不是 P

S 不是 M

所以,S 是 M

这个推理形式不可能是一个有效式,因为其大项和小项都是与中项互相排斥的,这样大、小项通过中项就不可能形成任何确定的联系,因而也就不可能得出任何确定的结论。可见,小夏的这一推理所得出的结论也就不是由其两个否定前提所必然得出的。这就是为什么三段论关于前提的规则之一要求从两个否定前提不能得结论的理由所在。

由此出发,我们也就不难理解为什么前提之一是否定的,结论必然是否定。因为前提之一为否定命题,按刚刚讲过的规则,另一前提必为肯定命题(因为两个否定前提不能得结论)。这样,中项在前提中就必然与一个项(大项或小项)是否定关系,与另一个项是肯定关系,而大项和小项通过中项而联系起来时,自然也就只能是一种否定关系,故而结论必然是否定命题。比如:

会产生污染的(能源)不是清洁能源

风力是清洁能源

所以,风力不是会产生污染的(能源)

既然大前提中大项("会产生污染的")与中项("清洁能源")的关系是否定的关系,在小前提中,小项("风力")与中项("清洁能源")的关系是肯定的关系,那么通过中项的中介作用,小项与大项的关系必然也就只能是一种否定的关系。因此,上面这个推理就是一个形式有效的推理。

反之,如果一个三段论的结论是否定的,那就意味着前提中必然有一个

是否定命题,否则如果两个前提都是肯定命题,即大、小项与中项的联系都是肯定的联系,那么大、小项在结论中的联系就绝不可能是一种否定的联系。所以,结论如果是否定的,则前提之一必然是否定的。

关于三段论前提的另一条规则,即两个特称前提不能得出结论;前提之一是特称命题,则结论必然是特称命题。

这条规则完全可以通过应用前面几条规则而推导出来。作为对前述各条规则的具体应用的一种练习,我们且推导如下:

为什么两个特称前提不能得出结论呢?我们试分析由两个特称命题组成前提的所有各种可能情况,即:II(两个都是特称肯定命题)、OO(两个皆为特称否定命题)和IO(一个为特称肯定命题、一个为特称否定命题)三种组合。如果我们能证明这三种组合都不能得出结论,那么自然也就可以认定:两个特称前提不能得出结论。

当两个前提为II组合时,前提的四个项中没有一个是周延的,这就不能满足中项必须在前提中周延一次规则的要求,故不能得出结论。

当两个前提为IO组合时,其四个项中只有一个项是周延的(O命题的谓项是周延的),这可以用来满足中项必须在前提中周延一次的要求,而这样一

来,其余三个项都是不周延的。由于 IO 组合中有一个前提为否定命题,按规则,其结论应为否定命题。而否定命题的谓项即大项在结论中是周延的(否定命题的谓项是周延的),于是要求其在前提中也必须是周延的。但前提中已无周延的项了,即大项在前提中是不周延的。这样推出的结论必然违反规则(在前提中大项不周延,在结论中却周延了)。因此,IO 组合也不能得出结论。

当两个前提为 OO 组合时,因其两个前都是否定命题,按照两个否定前提不能得结论的规则,故此种组合也不能得出结论。

综上可见,既然两个特称前提的上述组合全部不能得出结论,所以两个特称前提不能得出结论。

关于前提中如有一个是特称的,则结论必须是特称的这条规则,也完全可以采用上述证明方法加以证明。比如,按照前提之一是特称的,另一必为全称(因为两个特称前提不能得结论)而形成的全部组合为:AI、AO、EI、EO。只要分别证明这四种组合中能够得出结论的组合,其结论都必然是特称命题,那么这条规则自然也就得到了证明。对此,请读者自证。

下面再简要说明为使三段论的应用合乎逻辑应当注意的几个问题。

前面我们在讲述三段论如何合乎逻辑的问题时,所举出的三段论都是结构完整,大前提、小前提、结论排序规范的。然而,在实际思维过程中,特别是在对三段论的具体运用中,往往并不是那样死板、固定的。因此,这就要求我们认真注意和仔细分析三段论运用中如何做到合乎逻辑的问题。下面,侧重讲以下几点:

1. 正确分析和确定三段论的结构

试看下面一些三段论:

(1) 这个三角形有一个内角是钝角,凡是内角有一角是钝角的三角形是钝角三角形,所以这个三角形是钝角三角形。

(2) 鲸不是鱼,因为鲸不是用腮呼吸的,而鱼是用腮呼吸的。

例(1)中作为三段论三个组成部分的三个命题,其次序是小前提、大前提和结论。例(2)中的次序则为结论、小前提和大前提。这表明,在三段论的具

体运用中,大、小前提和结论的排列次序往往是灵活的。有时前提在前,结论在后,有时则结论在前,前提在后。而大、小前提也并不总是大前提在前,小前提在后。为此,在分析一个三段论是否合乎逻辑时,就必须准确识别出何者是前提,何者是结论;在前提中,又必须正确区分哪个是大前提,哪个是小前提。这样,我们才能进一步去分析和判定该三段论是否合乎规则,因而是否是有效的、合乎逻辑的。

(3) 蝙蝠是能飞的,蝙蝠是哺乳动物,所以有的哺乳动物是能飞的。

(4) 蝙蝠是能飞的,因为蝙蝠是哺乳动物,有的哺乳动物是能飞的。

上述两例中,三个直言命题是完全相同的,而且都是真命题。不过,由于表示推论关系的"因为……所以……"在其中的位置不同,使得三个直言命题间的逻辑联系在两例中也就有所不同。(3)的推理形式是合乎三段论规则的有效式,(4)的推理形式却是违反三段论规则(中项"哺乳动物"在前提中一次也未周延,违反了中项在前提中必须周延一次的规则)的无效式。这就是说,在分析一个实际运用中的三段论时,不仅要正确识别其大前提、小前提和结论,还必须善于识别由于"因为……所以……"与命题的组合不同而发生的不同推论关系或逻辑联系。

(5) 中学生应当学点逻辑,我们是中学生,自然也不应例外。

(6) 中学生应当学点逻辑,作为中学生,我们岂能例外。

这两个推理都表现了在具体运用三段论时,表达概念或判断的语言形式(语词或句子)可以有其灵活性。例(5)中的"也不应例外"就是指"应当学习逻辑",二者表达的是同一个概念。例(6)中"我们岂能例外",与"我们应当学习逻辑"具有相同的含义,即表达的是同一个判断。同时,上述两例表面上都不止三个概念,似乎犯了"四概念"的错误,其实并无错误,只不过在语言表达上有其多样性、灵活性而已。

2. 正确分析和运用三段论的省略形式

先看下列诸例:

(7) 马克思主义是不怕批评的,因为马克思主义是真理。

(8) 任何前进中的困难都是可以克服的,所以我们学习中的困难也是可以克服的。

(9) 我们的事业是正义的,而正义的事业是任何敌人也攻不破的。

上述三个推理从语言表述上看都只包含两个命题,但我们不能因此而将其视为是由一个前提推出一个结论的直接推理。事实上,它们都是三段论,只不过在日常交际的语言表达中省略了其中的某一部分而已。比如,例(7)省略了大前提"凡真理是不怕批评的",例(8)省略了"我们学习中的困难是前进中的困难"这个小前提,而例(9)省略了"我们的事业是任何敌人也攻不破的"这一结论。这就是说,人们在运用三段论时,在许多不言而喻的情况下,是可以省略其中的某一部分的。当然,这种省略仅仅是表达中的省略,而不是思维过程本身的省略。因此,三段论的这种省略形式有助于语言表达的简洁性,是人们在语言交流过程中经常使用的。

但也必须注意,在这种省略的形式中,往往会掩盖错误的命题或者无效的、不合逻辑的推理。比如一个中学生曾这么说过(或想过):

(10) 我又不是团员,何必去关心班里的事。

这是个三段论的省略形式,只要将省略部分补充起来,就可发现它是一个违反三段论规则的无效推理。其省略部分是大前提"凡团员是必须关心班里的事",结论"何必去关心班里的事"等值于"我不必去关心班里的事"这一命题。不难看出,大项"必须关心班里的事"在大前提中作为肯定命题的谓项是不周延的,而在结论中却成了否定命题的谓项,周延了。这就违反了在前提中不周延的项在结论中不得周延这条规则,因此这是一个不合逻辑的推理。由此不难理解,为了正确把握三段论的省略形式,分析其前提是否真实、推理是否违反规则,重要的工作在于必须将它进行正确的还原,即将其省略的部分正确地补充起来。那么,如何去补充呢?其步骤可大致概括如下:

第一步,先判明一三段论省略式中哪一个命题是结论。一般可根据表述推论关系的语言标志("因为"后面的命题是前提,"所以"后面的是结论)或上下文的联系来断定。以(10)为例,虽然其中没有"因为"、"所以"这样的语言标志,但从前后两句的联系来看,即可判明前一句为前提,后一句为结论。

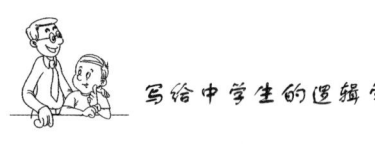

如果经分析找不出结论,如例(9),则可知省略部分即为结论。

第二步,在有结论的情况下,则可去判明另一已知的前提究竟是大前提还是小前提。具体来说,这已知的前提若包含结论的主项,即为小前提;若包含结论的谓项,则为大前提。就(10)而言,已有的前提("我又不是团员")包含结论的主项(只不过"我"在结论中是被省略了),故应为小前提。据此即可知大前提被省略了。由此,可进一步判明该三段论的中项(在前提中出现而在结论中未出现的项就是三段论的中项)即为"必须关心班里的事"。这样,将大项与中项联结起来就可构成该省略式的大前提:"凡团员必须关心班里的事"。又以(8)为例,从语言标志"所以"后面一般为结论来看,其主项(亦即小项)"我们学习中的困难"在已知前提中没有出现,故可知省略的前提应为小前提。这样就可把小项与中项联结起来而形成被省略的小前提:"我们学习中的困难也是前进中的困难。"如果经过分析,找不到结论,那省略的部分就有可能是结论,而已有的两个命题皆为前提。若此,即可分析出大项、中项和小项,从而把小项与大项联结起来,构成结论。在(9)中,通过分析已知的两个前提,可知大项为"任何敌人也攻不破的",中项为"正义的事业"(前提中出现两次),小项为"我们的事业"。这样,将小项与大项联结起来即可构成结论:"我们的事业是任何敌人也攻不破的。"

第三步,将省略的部分补充起来,形成完整的三段论,然后按规则对其进行检验。合乎三段论规则的,即是有效三段论,如(7)、(8)、(9);反之,则是无效三段论,如(10)。

(四)关系命题及其有效推理

1. 什么是关系命题

我们先来做一道题:

在一所寄宿制中学的宿舍里,小赵、小钱、小孙和小李共住一间宿舍。按规定,每晚最后回宿舍的同学,应当关掉宿舍里的电灯。有一个晚上,她们之中最后回宿舍的同学忘掉了关灯。第二天管理宿舍的老师来查询,谁最迟返回宿舍。

小赵说:"我回来的时候,小孙还没有睡。"

小钱说:"我回来时,见小李已睡着了,我也就睡了。"

小孙说:"我进门的时候,小钱正好上床睡觉。"

小李说:"我上床就睡着了,什么也不知道。"

宿舍管理员相信四位同学讲的都是事实。于是,他从四人的讲话中迅速判明了她们之中谁是最迟返回宿舍的。那么,他是怎样判明的呢?用的什么推理去判明的呢?

要回答上述问题,就应当比较他们回到宿舍的早迟。首先涉及的是"早于"、"迟于"这样一些对象之间的关系。

断定对象与对象之间某种关系的命题,就是关系命题。

比如,根据上述四人的讲话,可以形成如下一些关系命题:

小赵迟于小孙返回宿舍。

小李早于小钱返回宿舍。

小孙迟于小钱返回宿舍。

由此可见,任何一个关系命题都由以下三个部分所组成:关系项(表示对象与对象之间某种关系的词项,如上述诸命题中"迟于"、"早于"等),关系者项(表示具有某种关系的对象的词项,如上述诸命题中的"小赵"和"小孙"、"小钱"与"小李"等。可以将其中的前者称为"关系者前项",后者称为"关系者后项"),量项(表示关系者项外延数量的词项,可以是"有些"、"所有"等)。

按此,如果我们用"a"、"b"分别表示关系者项的前项和后项,用"R"表示关系项,那么具有两个关系者项的关系命题的形式可用公式表示为:

所有(有的)aR 有的(所有)b

或简写为:

aRb

2. 什么是关系推理？

先看下面一些推理：

(1) 小章和小华是同学
    ─────────────────
    所以，小华和小章是同学

(2) 小章学习好于小华
    ─────────────────
    所以，小华学习不好于小章

上述两个推理都是关系推理，是由一个前提推出结论的直接关系推理。

(3) 小章年龄大于小华
    小华年龄大于小申
    ─────────────────
    所以，小章年龄大于小申

(4) 小章比小华年龄大一岁
    小华比小申年龄大一岁
    ─────────────────
    所以，小华不比小申年龄大一岁

例(3)和(4)也是关系推理，是由两个前提推出结论的间接关系推理。它们都有一个共同的特点，即都是以关系命题作为其前提和结论的，所以关系推理是一种以关系命题为其前提或结论的推理。

下面，我们要进一步提出的问题是：为什么(1)、(2)是一种直接推理，而(3)与(4)却是间接推理呢？这是因为(1)和(2)所据以进行推理的关系是一种对称关系。所谓对称关系，是指两个对象之间，如果其中一个与另一个有某种关系，另一个也与之有某种关系，那么这两个对象之间的关系就叫做对称关系。如用符号表示则可表述为：如 aRb 为真时，bRa 也真，则关系 R 就是一种对称关系，如"同学"、"邻居"、"朋友"、"同盟"、"同事"等关系都是对称关系。与之相反，如 aRb 真时，bRa 必假，关系 R 则是反对称关系，如"早于"、"迟于"、"大于"、"小于"、"胜于"、"败于"等关系都是非对称关系。再者，如 aRb 真时，bRa 可真可假，则关系 R 就是非对称关系，如"认识"、"批评"、"喜欢"等关系，都是非对称关系。在涉及对称性的三种关系中，由于非对称关系不能由 aRb 的真，推出 bRa 的真或假，故不能形成确定的推理关系，不能得出结论。而对称关系和反对称关系，是可以必然推出结论的，如(1)和(2)。但是，对称关系涉及的只能是两个对象，而反映两个对象的只能是两个概念，而由两个概念只能构成两个命题，一为前提，一为结论，故只能形成直接的关系推理。

例(3)与(4)所据以进行推理的关系是一种传递关系。所谓传递关系，是指如甲对象与乙对象有某种关系，而乙对象与丙对象也有某种关系，那么甲对象与丙对象也有这种关系，用公式可表示为：如 aRb 真而且 bRc 真，则 aRc 必真，那么关系 R 就是传递关系，如"早于"、"晚于"、"大于"、"小于"、"在前"、"在后"等等关系都是传递关系。相反，如 aRb 真，bRc 真，但 aRc 必假时，关系 R 就是反传递关系。这两种关系都可以由两个前提的真推出结论的真。传递性所涉及的关系中也有一种非传递性关系，即由 aRb 真和 bRc 真，不能必然推出 aRc 的真假，故非传递关系也因其无法形成确定的推理关系而不能推出结论。由于能必然推出结论的前两种关系，都因其共涉及三个对象，而有三个概念，可以形成三个命题，故能构成关系推理中的间接推理。比如，只要运用这种传递关系的推理，就可以顺利地找到本小节一开始提出的那道题的答案。具体过程是先将同宿舍的人所说的话，依次整理成如下相应的关系命题：

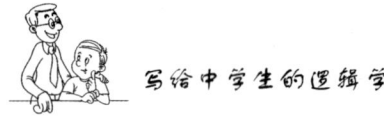

小赵迟于小孙返回宿舍。

小钱迟于小李返回宿舍。

小孙迟于小钱返回宿舍。

运用传递关系推理,从第一个命题和第三个命题可推出:小赵迟于小钱返回宿舍;而根据这一结论和第二个命题即可推出:小赵迟于小李返回宿舍。这就是说,小赵迟于其他三位同学返回宿舍,故她就是最迟返回宿舍而忘记关掉室内电灯的人。

以上两种关系推理,其前提和结论均为关系命题,故又可称为纯关系推理。此外,还有一种关系推理,其前提由关系命题与直言命题共同组成,一般称为混合关系推理。

那么,什么是混合关系推理呢?请先看下面两个推理:

(5) 重金属比水重

  铜是重金属

  ——————————

  所以,铜比水重

(6) 所有的高山都不比珠穆朗玛峰高

  泰山是高山

  ——————————

  所以,泰山不比珠穆朗玛峰高

这两个推理的两个前提,一个是具有两项的关系命题,另一个为直言命题,其结论也是一个两项的关系命题。由于这种推理既包括关系命题,又包含有直言命题,故称为混合关系推理。其推理形式可用公式表示为:

  所有的 a 与 b 有关系 R

  所有的 c 都是 a

  ——————————

  所以,所有的 c 与 b 有关系 R

具有此种形式的混合关系推理,因其有而且只有三个命题,三个不同的概念,类似直言三段论,所以人们也称之为混合关系三段论,而且这种推理形式是有效的、合乎逻辑的。

自然,也有无效的、不合逻辑的混合关系三段论。比如:

(7) 所有的高山都比珠穆朗玛峰低

上海长风公园里的铁臂山不是高山

所以,上海长风公园里的铁臂山不比珠穆朗玛峰低

读者一看就知这是一个错误的推理,但其两个前提都是正确的,而推出的结论却是明显错误的,原因就在于这个推理的推理形式是无效的。因此,混合关系三段论也必须遵守类似三段论的几条规则。

第一,混合关系三段论前提中的直言命题必须是肯定命题。推理(7)之所以是无效的,就在于违反了这条规则,其直言前提"上海长风公园里的铁臂山不是高山"是一个否定命题。

第二,前提中作为媒介项的概念(如前两例中的"重金属"、"高山")必须至少周延一次。其理由与直言三段论的中项必须在前提中至少周延一次的理由大体相同。

第三,前提中不周延的概念在结论中不得周延。

第四,如果作为前提的关系命题是肯定命题,则作为结论的关系命题也必须是肯定命题,如例(5);如果作为前提的关系命题是否定命题,则作为结论的关系命题也必须是否定命题,如例(6)。

第五,如关系R不是对称的,则在前提中作为关系者前项(或后项)的那个词项,在结论中也必须相应地作为关系者前项(或后项)。

这几条规则,大体上与直言三段论的几条规则类似。混合关系三段论所以必须有这些规则,与直言三段论所以必须有相应规则的理由大致相同,读者可自证。对于任何一个混合关系推理来说,遵守了这几条规则就是有效的、合乎逻辑的;反之,则是无效的、不合逻辑的。

第四章
推理要合乎逻辑（下）
——复合命题及其有效推理

一、什么是复合命题及其推理

北宋政治家、文学家范仲淹著有一篇脍炙人口的散文《岳阳楼记》，文中曾用如下一段话来抒发他忧国忧民的思想感情：

第四章 推理要合乎逻辑(下)

居庙堂之高,则忧其民;处江湖之远,则忧其君。是进亦忧,退亦忧。

这一段话典型地体现着对复合命题推理的运用。我们试按推理的形式将其略加整理:

(如果)进居朝廷的高位,则为民担忧;(如果)退处偏远的
    江湖,则为君担忧
(或者)进居朝廷的高位,(或者)退处偏远的江湖
———————————————————————————————
所以,(或者)为民担忧,(或者)为君担忧

由此,我们可以直观地看到,这个推理的两个前提都不是前面讲过的简单命题,既不是直言命题,也不是关系命题。它的第一个前提是由两个"如果……则……"形式的复合命题联结而成的,第二个前提是由"或者……或者……"这种形式的命题来充当的,这些都是我们这里即将讲述的复合命题。它们得出的结论,也是一个具有"或者……或者……"形式的复合命题。

我们就可对复合命题推理下一个简单的定义:复合命题推理是其前提或结论中含有复合命题并根据复合命题的逻辑特性来进行推演的推理。这是一种演绎推理,即当推理前提为真而且推理形式有效时,其结论必然为真。

为了正确理解这一定义,我们必须弄清以下几点:

首先,什么是复合命题?复合命题是那种自身包含有其他命题的一种命题。前面我们讲述简单命题说过,简单命题是自身并不含有其他命题的命题,如果将简单命题的组成部分进行分解,那么得到的只是概念,而绝不是命题。复合命题则与之不同,由于它还含有其他命题,所以其组成部分乃是命题而不是概念。比如,前述推理的前提中的"如果……则……"这种复合命题,如对其进行分解,就可分解出两个命题("如果"后面的命题,即"进居朝廷的高位"和"则"后面的命题,即"为民担忧"。不过,这两个命题的主项"我"在引文中由于不言而喻被省略掉了)。这种为复合命题所包含的命题,统称为复合命题的支命题。而将支命题联结起来构成复合命题的语词称为复合命题的逻辑联结词,亦称命题联结词。如前例中的"如果……则……"、"或者

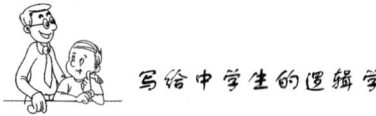

……或者……"等。不同的复合命题就是基于其逻辑联结词的不同而区别开来的,因此逻辑联结词是区分不同种类的复合命题的唯一根据,也表现着各种不同复合命题的逻辑特性。由各种复合命题所构成的不同的复合命题推理,也主要是根据它们各自不同的逻辑特性来进行的。

其次,复合命题的支命题可以是简单命题,也可以是复合命题。就前者说,前述推理中的第二个前提就是一个具有"或者……或者……"形式的复合命题,其支命题("进居朝庭的高位"和"退处偏远的江湖")就分别是两个简单命题;就后者说,前述推理中的第一个前提就是由两个具有"如果……则……"的复合命题所组成的,这表明复合命题的支命题也可以是复合命题,它们所组成的这第一个前提具有如下的形式:"如果……则……"(而且)"如果……则……"。

最后,基于逻辑联结词的不同,复合命题主要有如下五种:

负命题:由否定词(相当于自然语词中的"并非"、"没有"、"不"等)作为逻辑联结词的复合命题。

联言命题:由合取词(相当于自然语词的"和"、"而且"等)作为逻辑联结词的复合命题。

选言命题:由析取词(相当于自然语词的"或者……或者……"等)作为逻辑联结词的复合命题。

假言命题:由蕴涵词(相当于自然语词中的"如果……那么(则)……"、"只要……就……"等)作为逻辑联结词的复合命题。

等值命题:由等值词(相当于自然语词中的"如果而且只有……才……"、"当且仅当……"等)作为逻辑联结词的复合命题。

下面,我们依次介绍这些复合命题及其有效推理。

二、负命题及其有效推理

所谓负命题,就是否定某个命题的命题。比如:

(1)并非"所有闪光的东西都是金子"。
(2)并非"或者 x 大于 y,或者 x 小于 y"。

它们是分别通过否定"所有闪光的东西都是金子"和"或者 x 大于 y,或者 x 小于 y"这两个命题而形成的新命题。"并非"是其逻辑联结词,而被它否定的命题则是其支命题。因此负命题的一个重要特征就是它的支命题只有一个。一个命题,不论是简单命题还是复合命题,只要其被否定了,就可形成一个负命题。例(1)的支命题就是一个简单命题,而例(2)的支命题则是一个复合命题。可见,负命题与直言命题中的否定命题不同。后者只是否定主项所反映的对象具有谓项所反映的性质,而前者则是对某一命题的否定。

负命题的逻辑联结词称为否定词,一般用符号"¬"来表示(一般逻辑读物在讲直言命题词项的否定时,为了书写的方便也常使用符号"¯",置于被否定词项的上面),读作"非"。它代表自然语言中一切具有否定含义的语句连词,如"并非"、"绝不"、"没"等等。如果用命题变项"p"表示否定命题的支命题(可简称为"否定支"),则负命题的一般逻辑形式可记为:

¬p(读作"非 p")

这一命题形式可称为否定式。

由此也可看出,由于负命题是对其支命题的否定,故其真值(命题的真假值通称为真值)同其支命题的真值之间的关系是矛盾关系,即不同真、不同假的关系。换言之,如否定支真,则相应的负命题假;若否定支假,则相应的负命题真。这就是负命题的逻辑特性,也是否定词"¬"的唯一含义。按此,否定词"¬"可定义为:¬p 真,当且仅当 p 假。其中的"当且仅当"是表示等值(即真假值相等)的逻辑联结词。它在此表示:¬p 真同 p 假具有相同的真值,即二者具有等值关系。逻辑学通常用真值表(用来表述复合命题的真假值与其支命题的真假值之间关系的一种图表)对否定词"¬"的定义作如下刻画:

p	¬p
真	假
假	真

据此,我们也就不难建构出负命题推理及其有效式。

负命题推理,就是以负命题作为推理的仅有前提或结论,并根据负

命题的逻辑特性所进行的推理。

比如，前述例（1）是一个支命题为全称肯定命题的负命题，用符号表示为¬A。按直言命题的逻辑方阵所刻画的关系，如A真，则O假；如A假，则O真。

这样，我们就可构造出相应的负命题的等值推理。用符号表示为：

¬A↔O

¬O↔A

其中，"↔"是表示等值的逻辑联结词，读作"等值"。

这两个公式可称为等值式。它们表示的等值推理是合乎逻辑的等值推理，因为它们是按负命题的逻辑联结词"并非"的逻辑特性而建立起来的。相应地，也可根据E和I之间的矛盾关系进行等值推理，形成诸如¬E↔I、¬I↔E的等值式。

当然，负命题推理的种类很多，远不止上述所举。根据负命题的逻辑性质，有多少种命题，就有多少种负命题；而有多少种负命题，就可以有多少种负命题推理。上面所讲的负命题推理是仅就支命题为简单命题中的直言命题来讲的，而简单命题中还有关系命题；除简单命题外还有各种复合命题，它们都可以作为负命题的支命题，而使负命题推理多种多样。就是负命题本身也可经过否定而形成新的负命题，从而建构起新的负命题推理。比如，对负命题¬p再次进行否定，即可形成新的负命题¬¬p，并形成新的负命题等值推理：

¬¬p↔p

此等值式表达了推理中双重否定等于肯定的原理。用真值表可证明该原理如下：

p	¬p	¬¬p
真	假	真
假	真	假

第四章 推理要合乎逻辑(下)

三、联言命题及其有效推理

(一) 联言命题的性质和逻辑形式

什么是联言命题?

北宋诗人秦观曾填词《行香子》一首:

> 树绕村庄,……有桃花红,李花白,菜花黄。远远围墙,……正莺儿啼,燕儿舞,蝶儿忙。

诗人在这里随着他游春的足迹,给我们展示了一幅田园风光的活动画卷,词的上下阕结尾皆由三字排偶句组成。上阕为"有桃花红,李花白,菜花黄";下阕为"正莺儿啼,燕儿舞,蝶儿忙"。这些排偶句的运用,更增加了词的轻快格调。从逻辑学角度看,这两组排偶句分别断定了所举各种景色的同时存在,从而分别表达了两个联言命题。当然,诗句不能仅仅从命题的角度去理解和把握,我们这里只是从一般排偶句大都表达着联言命题这一特点着眼,暂时撇开了诗词句子的美学意义。

所谓联言命题,就是断定事物的若干情况同时存在的一种复合命题。

比如:

(1) 生也有涯,而知也无涯。
(2) 小王不仅是一个好学生,而且是一个好团员。

例(1)就同时断定了两种情况:一方面肯定人生是有止境的,另一方面又否定了学习有止境,即肯定了学无止境。例(2)则同时断定了小王这个人不仅是好学生而且是好团员这样两种情况。因此,这两个命题都是联言命题。

构成联言命题的命题,如(1)中的"生也有涯"和"知也无涯",就是该联言命题的支命题,简称联言支。联言命题的支命题至少有两个,但也可以是三个、四个……。如前引《行香子》一词中的"有桃花红,李花白,菜花黄"就是具有三个支命题的联言命题。

联言命题的逻辑联结词称为合取词,常用符号表示为"∧"(读为"合取")。在自然语言中,联结联言支的语句连词有"而且"、"虽然……但是……"、"既……又……",等等,合取词仅仅是这些语句连词在逻辑方面的抽象,它舍弃了语句连词的那些非逻辑的意义。比如"不仅……而且……"的递进意义,"虽然……但是……"的让步、转折意义等,在合取词中都被舍弃了,而只保留了它们最主要的共同性质:联言支所断定的若干事物情况是同时存在的,即联言支都是真的。由此,如果我们以小写的"p"、"q"等表示联言支,那么联言命题的一般逻辑形式可记为:

p∧q(读为"p和q的合取")

这个命题形式可称为合取式。

联言命题的逻辑性质:

由联言命题的定义可知,既然联言命题同时断定了事物的若干情况,那就意味着只有当它所断定的几种情况都是存在的,亦即所有联言支都为真时,该联言命题才是真的;只要其联言支有一个为假,整个联言命题就是假的,这就是联言命题的基本逻辑特征。

按此,合取词"∧"可定义为:

p∧q是真的,当且仅当p是真的,并且q是真的。

这一定义可用真值表表示如下:

p	q	p∧q
真	真	真
真	假	假
假	真	假
假	假	假

按此,一个合取式(如"p∧q")为真,唯一条件就是其合取支皆为真。而无论p和q位置如何(即可前后倒置)。正因此,合取式与联言命题并不完全相同,它只是联言命题在真值方面的抽象。比如,作为联言命题的"他是一个

学生,而且是一个好学生"的两个联言支有着前后递进关系,一般是不能更换其前后位置的,如果更换了,其递进意义也就颠倒而难以让人理解了。

(二) 联言推理及其有效式

什么是联言推理?

联言推理是以联言命题为前提或结论,并依据联言命题的逻辑性质进行推演的演绎推理。

比如:

(1) 这个商场的商品物美价廉

　　所以,这个商场的商品价廉

(2) 写作文要注意思想性

　　写作文要注意艺术性

　　所以,写作文既要注意思想性又要注意艺术性

例(1)的前提是一个联言命题,结论是一个简单命题;例(2)的前提是两

个简单命题,结论则一个联言命题,但它们都是根据联言命题的逻辑性质而从前提推出结论的,并且推理都是合乎逻辑的。

联言推理的有效式:

由于联言命题的逻辑性质是一个联言命题为真,当且仅当其支命题都为真。按此,我们既可以由一个联言命题的真推出其任一支命题为真,这就是联言推理的分解式;也可由两个或两个以上的真命题推出以这些命题为支命题的联言命题为真,这便是联言推理的组合式。

联言推理的分解式:

$$\frac{p \wedge q}{p} \quad 或 \quad \frac{p \wedge q}{q}$$

联言推理的组合式:

$$\frac{p}{q}$$
$$\overline{p \wedge q}$$

联言推理看似简单,但在人们日常生活中却是经常用到的,在解答某些智力题上,亦颇有其用武之地。比如,下述这一道智力题:

在桌子上有三张扑克牌,排成一行。现在,我们已经知道:
① K 右边的两张牌中至少有一张是 A;
② A 左边的两张牌中也有一张是 A;
③ 方块左边的两张牌中至少有一张是红桃;
④ 红桃右边的两张牌中也有一张是红桃。
请问:这三张是什么牌?

答案是:这三张牌,从左到右依次为:红桃 K、红桃 A 和方块 A。这个结论主要就是运用联言推理得出来的。

先来确定左边的第一张牌。由前提①得知这张牌是 K;由前提④得知这张牌是红桃。这样,通过联言推理的组合式就可确定:这张牌是红桃 K。

再来确定右边的第一张牌。由前提②得知这张牌是 A;由前提③得知这张牌是方块。这样,通过联言推理的组合式就可确定:这张牌为方块 A。

最后,再确定当中的一张牌。由前提②得知,或者这张牌是 A,或者左边第一张是 A;又由前提①得知左边第一张是 K,所以,当中这张牌是 A。同理,由前提④得知,或者当中这张牌是红桃,或者右边第一张牌是红桃;但由前提③可知右边第一张牌是方块。这样,按选言推理的否定肯定式(下节既将讲到)即可确定:当中这张牌是红桃。所以,运用联言推理的组合式,可推出当中这张牌为红桃 A。

四、选言命题及其有效推理

(一) 选言命题及其种类

先看《战国策·冯煖客孟尝君》中记载的一则故事:

后孟尝君出记,问门下诸客:"谁习计会,能为文收责于薛者乎?"……冯煖曰:"愿之!"于是约车治装,载券契而行。辞曰:"责毕收,以何市而反?"孟尝君曰:"视吾家所寡有者。"

驱而之薛,使吏召诸民当偿者悉来合券。券遍合,起,矫命以责赐诸民,因烧其券,民称万岁。

长驱到齐,晨而求见。孟尝君怪其疾也,衣冠而见之,曰:"责毕收乎?来何疾也?"曰:"收毕矣。""以何市而反?"冯煖曰:"君云'视吾家所寡有者'。臣窃计君,宫中积珍宝,狗马实外厩,美人充下陈,君家所寡有者,以义耳。窃以为君市义。孟尝君曰:"市义奈何?"曰:"今君有区区之薛,不拊爱子其民,因而贾利之。臣窃矫君命,以责赐诸民,因烧其券,民称万岁,乃臣以为君市义也。"

这段话说的是在冯煖奉孟尝君之命前往薛地讨债向后者辞行时,曾问孟尝君讨债完后需要买些什么东西带回来。孟尝君回答说:"你看我家缺少些什么,就买什么。"冯煖到薛地后,就把欠债的人召集起来,验过债据以后就把债券全部烧了,并称这是孟尝君托他这样办的。冯煖回齐见孟尝君,孟尝君问:"把债收回没有?为什么回来这么快?"冯煖回答:"收完了。"孟尝君再问:"买了些什么东西回来?"冯煖说:"你让我买你家里缺少的东西,我考虑你宫中堆满珍宝,宫外马房里狗马成群,妻妾美人也很多,而唯独缺少仁义,因此我以为还是给你买回仁义为好。"

在这里,冯煖实际上就运用了一个选言命题:

(1)(收完债后)给孟尝君家或买珠宝,或买牛马,或买美女,或买仁义。

 选言命题是断定事物若干可能情况的命题。

例(1)就断定了为孟尝君家买东西有四种可能情况。再如:

(2)小王或者是一个中学生,或者是一个大学生。

这个选言命题则断定了小王可能存在两种不同的情况。其中,断定事物若干可能情况的命题就是选言命题的支命题,简称选言支。选言命题的选言支至少有两个,也可以是三个、四个,甚至更多。但不管有多少,同类的选言命题的逻辑性质总是相同的。

两种不同的选言命题:

根据选言命题中选言支所断定事物的若干可能情况是否可以并存,选言命题可分为相容选言命题和不相容选言命题。

相容的选言命题是指所断定的若干可能情况可以同时并存,因而其选言支可以同时为真的选言命题。如例(1),给孟尝君家买东西,可以是珍宝、牛马、美女、仁义同时购买的,也就是这几种可能情况是可以同时并存的。相容选言命题的逻辑联结词称为析取词,记为"∨",读为"析取"。自然语言中可以表示这种逻辑联结词的语句连词有"或者……或者……"、"也许……也许……"、"可以……可以……"等。如果用命题变项"p"和"q"分别表示相容选言命题的选言支,则相容选言命题的一般逻辑形式可表示为:

p∨q(读为"p和q的析取")

相容选言命题的这一逻辑形式也可称为析取式。

不相容选言命题是断定几种可能情况不能同时存在的选言命题。例(2)就是一个不相容选言命题,因为任何一个学生都不可能既是一个中学生,又是一个大学生。又如:

(3) 这个三角形要么是钝角三角形,要么是锐角三角形,要么是直角三角形。

这是一个不相容选言命题,因为它所断定的三种可能情况是不能同时并存的。不相容选言命题的逻辑联结词可以称为不相容析取词,记为"∀"。在自然语言中表示不相容析取词的语句连词通常有"要么……要么……"、"或者……或者……"、"不是……就是……"等等。如果用命题变项"p"和"q"表示选言支,则不相容选言命题的一般逻辑形式可记为:

p∀q(读为"p和q的不相容析取")

(二) 选言推理及其有效的推理形式

有两种不同的选言命题,也就有两种不同的选言推理。

相容选言推理及其有效式:

相容选言推理就是前提中的选言命题是一个相容选言命题的选言推理。由于相容选言命题所断定的事物若干可能情况可以同时并存,因而其选言支可以同时为真。换言之,只有当所有选言支为假时,该相容选言命题才是假的。这就是相容选言命题的逻辑特性。

按此,反映这一特性的析取词"∨"可定义为:

p∨q是真的,当且仅当p或q至少一真。

相容选言命题的真值表如下:

p	q	p∨q
真	真	真
真	假	真
假	真	真
假	假	假

按此,相容选言推理就可以有如下的有效式:

$$\frac{p\vee q,\ \neg p}{q}\quad 或 \quad \frac{p\vee q,\ \neg q}{p}$$

前述冯煖为孟尝君买义之所以成立(尽管使孟尝君颇不高兴),就是因为冯煖应用了这一有效的推理形式:

(收完债后)给孟尝君家或买珍宝,或买牛马,或买美女,或买仁义

孟尝君家不缺珍宝、不缺牛马、不缺美女(这里的"不缺"表示"不需要买")

所以,给孟尝君家买仁义

这一推理可用公式表示为:

$$\frac{p\vee q\vee r\vee s,\ \neg p\wedge\neg q\wedge\neg r}{s}$$

以上说明,对于相容选言推理来说,因其选言命题中至少有一个选言支为真,所以在前提中如果否定了其中的一个支命题(在选言支有两个的情况下)或几个支命题(在选言支为多支的情况下)时,结论就必须肯定剩下的那个支命题或剩下的其余选言支的析取;但是,不能在前提中肯定了其中的某个支命题或几个支命题,而在结论中否定剩下的支命题。

 相容选言推理的两条推理规则:

① 否定部分选言支,就要肯定其余选言支(就二支的选言前提而言)或其余选言支的析取(就三支或三支以上的选言前提而言);

② 肯定部分选言支,不能对其余选言支有所断定。

按这两条规则,相容选言推理的有效式只能有否定肯定式(即合乎第一条规则的推理形式),而不能有肯定否定式(即违反了第二条规则的推理形式)。比如:

(4) 小李喜欢艺术,或者喜欢体育运动。

这是一个相容选言命题,因为小李是可以同时喜欢这二者的。因此,如果以此为前提进行选言推理,就只能运用否定肯定式来进行推理:

小李喜欢艺术,或者喜欢体育运动
小李不喜欢艺术
─────────────
所以,小李喜欢体育运动

而不能运用肯定否定式来进行推理:

小李喜欢艺术,或者喜欢体育运动
小李喜欢艺术
─────────────
所以,小李不喜欢体育运动

上述推理之所以是无效的、不合乎逻辑,就是因为它违反了相容选言推理的上述规则。

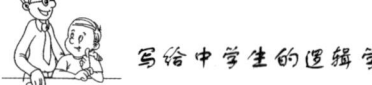

不相容选言推理及其有效式：

不相容选言推理是前提中的选言命题是一个不相容选言命题的选言推理。不相容选言命题所断定的事物的若干可能情况不能同时并存，即其选言支是不可能同时为真的。换句话说，一个不相容选言命题只有当选言支至少有一个而且也只能有一个为真时，该命题才是真的。这就是不相容选言命题的逻辑特性。

按此，反映这一特性的不相容析取词"$\veebar$"可定义为：

p $\veebar$ q 是真的，当且仅当 p 和 q 有且只有一真。

不相容选言推理的真值表为：

p	q	p $\veebar$ q
真	真	假
真	假	真
假	真	真
假	假	假

根据上述真值表所表示的不相容选言命题的逻辑特征，不相容选言推理

有如下有效式：

$$\frac{p \veebar q, \neg p}{q}$$ 或 $$\frac{p \veebar q, \neg q}{p}$$

$$\frac{p \veebar q, p}{\neg q}$$ 或 $$\frac{p \veebar q, q}{\neg p}$$

如：

这个三角形要么是钝角三角形，要么是锐角三角形，要么是直角三角形
这个三角形是钝角三角形
所以，这个三角形既不是锐角三角形，也不是直角三角形

又如：

这个三角形要么是钝角三角形，要么是锐角三角形，要么是直角三角形
这个三角形不是钝角三角形
所以，这个三角形要么是锐角三角形，要么是直角三角形

根据不相容选言命题的逻辑特征和真值表，

不相容选言推理有两条规则：
① 肯定部分选言支，就要否定另一部分选言支；
② 否定部分选言支，就要肯定其余的选言支（就二支的选言前提而言）或其余选言支的不相容析取（就三支或三支以上的选言前提而言）。

只有遵守了这两条规则，一个不相容选言推理才是形式有效的，即是一个合乎逻辑的推理。否则，违反了这两条规则的任意一条，该选言推理就是无效的，不合逻辑的。

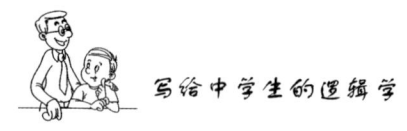

五、假言命题及其有效推理

（一）假言命题及其种类

什么是假言命题？先看历史上一段诗坛趣事。

诗人林逋系宋代隐士，钱塘（今浙江杭州）人。晚年曾在孤山隐居二十年。终生不娶，亦不仕，伴随梅花、白鹤渡日，时人称为"梅妻鹤子"，卒谥和靖先生。到了明代，有一个姓林的年轻人，为提高自己身价，竟冒充自己是林逋的十世孙，前去求见当时名人陈嗣初。终生不娶的林逋哪里会有后代呢？陈嗣初当即赋诗一首：

和靖当年不娶妻，如何后代有孙儿？
想君自是闲花草，不是孤山梅树枝。

年轻人听完后，自觉惭愧，狼狈逃跑了。

那么，为什么年轻人听完诗后就逃跑了呢？原来诗的一二句隐含着如下一个推论：

(1) 如果一个人不娶妻生子，那就不会有后代子孙
　　和靖没娶妻生子
　　―――――――――――――――――――
　　所以，和靖哪会有后代子孙

既然和靖不会有后代子孙，那位冒充自己是林逋十世孙的年轻人，自然只能是一个冒牌货，当然也就不得不狼狈逃走了。

其实，上述推理也可改换为另一种形式的推理：

(2) 只有一个人娶妻生子，才会有后代子孙
　　和靖没有娶妻生子
　　―――――――――――――――――――
　　所以，和靖不会有后代子孙

两个推理的结论相同，但前提却不完全相同。这是因为，这两个推理的第一个前提是两种性质不同的假言命题。那么，究竟什么是假言命题？从上

述例子可见,假言命题乃是断定事物情况之间条件关系的命题。既然是事物情况之间的条件关系,那就意味着有充当条件的事物情况,也有作为依赖条件而存在的事物情况。因此,假言命题必然由两个支命题构成。其中,表示条件的命题通常称为假言命题的前件,如例(1)中的"一个人不娶妻生子";表示依赖条件而存在的事物情况的命题称为后件,如例(1)中的"不会有后代子孙"。

假言命题的种类:

根据假言命题所断定的条件性质的不同,可区分出不同种类的假言命题。相应于条件关系有充分条件、必要条件和充分必要条件之分,假言命题也相应地有充分条件假言命题、必要条件假言命题和充分必要条件假言命题。由于三种条件关系的性质不同,三种假言命题的逻辑特性以及基于逻辑特性而建构的假言推理及其规则也相应有所不同。下面,我们分别予以介绍。

(二) 充分条件假言命题及其有效推理形式

充分条件假言命题是断定前件是后件的充分条件的假言命题。所谓前件是后件的充分条件,是说只要存在前件所断定的事物情况,就一定会出现后件所断定的事物情况,即所谓"有之必然"的条件。

比如例(1)中的假言命题,其前件"一个人不娶妻生子"就是其后件"不会有后代子孙"的充分条件。再如:

(3) 如果这个人骄傲,那么这个人就会落后。

这也是一个充分条件的假言命题,其前件"这个人骄傲"是其后件"这个人就会落后"的充分条件。

充分条件假言命题的逻辑联结词称为蕴涵词,记为"→",读为"蕴涵"。在自然语言中,表示充分条件关系的语句连词有"如果……那么(则)……"、"只要……就……"、"若……必……"等等。如果用命题变项"p"、"q"分别表示充分条件假言命题的前、后件,那么其逻辑形式可记为:

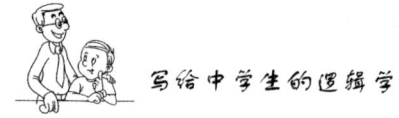

p→q（读为"p 蕴涵 q"）

这一命题形式可称为蕴涵式。

由此不难看出，一个充分条件假言命题，只有当其前件真而后件假时，该命题才是假的。因为，这种情况正好构成前件不是后件的"有之必然"的充分条件。这就是充分条件假言命题的逻辑特性。这意味着一个充分条件假言命题为真，并不要求其前后件只能是真的，其实，前后件都为假的充分条件假言命题，也可以是一个真的充分条件假言命题。比如，北宋政治家王安石曾写有一首鉴古论今的咏史词《浪淘沙令》，其上阙是：

伊吕两衰翁，历遍穷通。一为钓叟，一耕佣。若使当时身不遇，老了英雄。

其最后两句是说，伊尹和吕尚这两位分别辅佐汤王和武王建立了商朝和周朝的功臣，在他们未被赏识和重用之前，不过一个是"钓叟"，一个是"耕佣"。如果当时不遇商汤、周文王而得以重用，则英雄终将老死岩壑。其中，显然包含着一个假言命题：

（4）如果当时身不遇，那么终将老了英雄。

这显然是一个真的充分条件命题，但其前后件均与历史事实不符，即都是假的。

按此，蕴涵词"→"可定义为：

p→q 为真，当且仅当并非"p 真且 q 假"。

这样，也可用真值表将其逻辑特性和定义表示如下：

p	q	p→q
真	真	真
真	假	假
假	真	真
假	假	真

显然，如此定义的"p→q"同日常思维和交际中用来表示充分条件的"如

果……那么……"并不完全相同,因为对于一个形如 p→q 的蕴涵式而言,只要不出现 p 真而 q 假的情况,该蕴涵式就是真的。换句说法说,只要 p 为假,无论 q 是真是假,p→q 总是真的。而且,在这种情况下,即使 p 与 q 表示的是毫不相干两种事物情况,也不影响 p→q 为真。比如:

(5) 如果雪是黑的,则今天是星期二。

由于其前件 p("雪是黑的")为假,所以 p→q 总为真,尽管"雪是黑的"与作为后件的"今天是星期二"毫不相干。所以如此,原因就在于作为蕴涵式的 p→q 只是"如果……那么……"在真值关系上的抽象,它撇开了"如果……那么……"在内容、感情等方面的其他一切关系,而仅仅考虑 p 和 q 在真假方面的关系,这一点,是我们必须注意的。

充分条件假言推理是以假言命题为主要前提构成的假言推理中的一种,一般是指以充分条件假言命题为主要前提(大体上相当于三段论的大前提),并根据充分条件假言命题的逻辑特性而进行推演的假言推理,其另一个前提和结论一般为直言命题,故又可称为假言直言推理,以区别于前提和结论均为假言命题的纯假言推理。

根据充分条件假言命题的逻辑特征及真值表,充分条件假言推理有下述两种有效式:

$$\begin{array}{cc} p \to q & p \to q \\ \underline{p} & \underline{\neg q} \\ q & \neg p \end{array}$$

上述左边的推理形式称为肯定前件式,其逻辑根据是:一个真的充分条件假言命题,其前件真时,后件必真,所以在前提中肯定前件,在结论中就必须肯定后件,如例(1)。再如:

(6) 如果这个人骄傲,那么这个人就会落后
　　这个人骄傲
　　―――――――――――――
　　所以,这个人就会落后

上述右边的推理形式称为否定后件式。其逻辑根据是：当充分条件假言命题的前件真时，后件必真，因此当其后件不真时，其前件必然不真，所以就可以在前提中否定一个真的充分条件假言命题的后件而在结论中否定其前件。比如：

(7) 如果这个人骄傲，那么这个人就会落后
　　这个人并不落后
　　―――――――――――――――
　　所以，这个人不骄傲

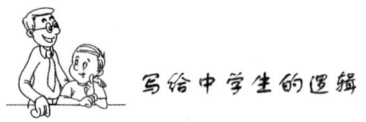

按此，我们就可以从上述一系列分析中，概括出充分条件假言推理的两条规则：

① 肯定前件，就要肯定后件；否定前件，不能断定（既不能否定也不能肯定）后件；

② 否定后件，就要否定前件；肯定后件，不能断定前件。

违反这两条规则，一个充分条件假言推理就必然是无效的、不合逻辑的。

比如：

(8) 如果这个人骄傲，那么这个人就会落后
　　这个人不骄傲
　　―――――――――――――――
　　所以，这个人不会落后

这个推理无疑违反了规则①，因而是无效的。因为造成一个人落后的原因可能是多方面的，一个人虽不骄傲，但也可能由于其他原因而导致落后。因此，基于"这个人不骄傲"就断定"这个人不会落后"，显然是没有根据的，从这个前提是推不出结论的。又如：

(9) 如果这个人骄傲，那么这个人就会落后
　　这个人落后了
　　―――――――――――――――
　　所以，这个人骄傲

这个推理显然又违反了规则②，也是一个无效的推理。因为一个人落后

并不必然是由骄傲所造成的,所以由"这个人落后"也不能必然推出"这个人骄傲"。

(三) 必要条件假言命题及其有效推理

必要条件假言命题是断定前件是后件的必要条件的假言命题。所谓前件是后件的必要条件,是说没有前件所断定的事物情况,就没有后件所断定的事物情况,即所谓"无之必不然"的条件关系。

比如,例(2)中的假言命题,其前件"一个人娶妻生子",就是其后件"会有后代子孙"的必要条件。又如:

(10)(根据我国宪法)只有年满十八岁,才有选举权。

这也是一个必要条件假言命题,其前件"(一个人)年满十八岁"是其后件"(一个人)有选举权"的必要条件,即不具备前件所断定的条件,就不可能有后件所断定的结果。

必要条件假言命题的逻辑联结词一般用"←"表示,称作逆蕴涵词。在自然语言中,表达必要条件关系的语句连词有"只有……才……"、"不……不……"、"除非……否则……"等等。如果用"p"和"q"分别表示必要条件假言命题的前件和后件,那么必要条件假言命的逻辑形式可记为:

p←q(读为"p 逆蕴涵 q")

此命题形式一般称为逆蕴涵式。

从上面的分析可以看出,一个必要条件假言命题是真的,那么其前件假时,后件一定为假;而它的前件真时,后件却可真可假。只有当其前件假而后件真时,整个必要条件假言命题才是假的。因为正是只有在这种情况下,其前后件之间才不具有"无之必不然"的必要条件关系。这就是必要条件假言命题的基本逻辑特性。

据此,可将逆蕴涵词"←"定义为:

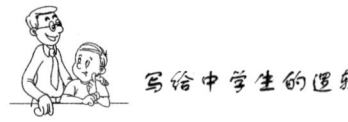

p←q 是真的,当且仅当并非"p 假而 q 真"。

必要条件假言命题的这种特性与逆蕴涵词的定义可用真值表表示如下:

p	q	p←q
真	真	真
真	假	真
假	真	假
假	假	真

必要条件假言推理是以必要条件假言命题为主要前提构成的一种假言推理,一般是指以必要条件假言命题为主要前提,并根据必要条件假言命题的逻辑特性而进行推演的假言推理。

根据必要条件假言命题的逻辑特性和真值表,它有以下两种有效的推理形式:

```
p←q      p←q
 ¬p       q
─────    ─────
 ¬q       p
```

上述左边的推理形式是必要条件假言推理的否定前件式。其逻辑根据在于:一个真的必要条件假言前提,当其前件假时,后件一定为假,因此可以从否定其前件而否定其后件。据此,从前提"只有热爱学习,才能认真学习"和"小王并不热爱学习",就可推出结论"小王不可能认真学习"。

上述右边的推理形式是必要条件假言推理的肯定后件式。其逻辑根据在于:一个必要条件假言命题,当其前件假时,后件必假,因此若其后件不假,即为真时,其前件必不可能为假而只能为真,所以可以从肯定其后件而肯定其前件。据此,我们就可以从前提"只有不畏艰险的人,才能达到科学的顶峰"和"爱因斯坦达到了科学的顶峰",而推出结论"爱因斯坦是不畏艰险的人"。

由此,必要条件假言推理的规则可概括如下:

① 否定前件就要否定后件;肯定前件不能断定(既不能肯定也不能否定)后件;

② 肯定后件就要肯定前件;否定后件不能断定前件。

如果违犯这两条规则的任意一条,必要条件假言推理就是无效的、不合逻辑的。

比如:

(11) 只有到过作案现场的人,才是直接作案者

　　 某人是到过作案现场的人
　　 ─────────────────
　　 所以,某人是直接作案者

这一推理违反上述规则①,所以是一个无效的、不合逻辑的推理。事实上,某人虽是到过作案现场的人,但完全可能不是一个直接作案者,故这一推理是不能成立的。

(12) 只有不畏艰险的人,才能达到科学的顶峰

　　 某人没能达到科学的顶峰
　　 ─────────────────
　　 所以,某人是一个畏惧艰险的人

这个推理则违反了上述规则②,所以也是一个无效的、不合逻辑的推理。事实上,一个没能达到科学顶峰的人,并不一定就是畏惧艰险的人。他完全可能是虽不畏艰险,但由于方法不对或因为其他原因而未达到科学的顶峰。因此,不能因其未达到科学顶峰就推论出他是一个畏惧艰险的人。

(四) 充分必要条件假言命题及其有效推理

充分必要条件假言命题是指前件既是后件的充分条件,又是后件的必要条件的假言命题。所谓前件是后件的既充分又必要的条件,是说如果存在前件所断定的事物情况,就会有后件所断定的事物情况;如果不存在前件所断定的事物情况,就没有后件所断定的事物情况。可见,这种既充分又必要的条件关系就是"有之必然,无之必不然"的条件关系。

比如,"三角形的两底角相等"对于"三角形是等腰三角形"来说,就有一种既充分又必要的条件关系。这就是说:

如果三角形两底角相等,则三角形是等腰三角形。
只有三角形两底角相等,三角形才是等腰三角形。

把两个命题结合起来即是:

(13) 如果而且只有三角形两底角相等,该三角形才是等腰三角形。

这就是一个充分必要条件假言命题。

充分必要条件假言命题的逻辑联结词称为等值词,符号记为"p↔q"。在自然语言中,表达充分必要条件关系的语句连词有"如果而且只有……才……"、"当且仅当"等。如果分别用"p"和"q"表示充分必要条件假言命题的前件和后件,则充分必要条件假言命题的逻辑形式可记为:

p↔q(读为"p 等值 q")

该命题形式可称为等值式。

根据充分必要条件的含义可知,一个充分必要条件假言命题是真的,其前件真,后件一定真;其前件假,后件一定假。这就是说,其前后件之间必然具有同真同假的关系,即真假值相等,这也就是充分必要条件假言命题的逻辑联结词称为"等值词"的原因所在。据此,可将等值词"p↔q"定义为:

p↔q 是真的,当且仅当 p 和 q 真值相等(即同真同假)。

这一逻辑特性和定义可用真值表表示如下:

p	q	p↔q
真	真	真
真	假	假
假	真	假
假	假	真

所谓充分必要条件假言推理是指其假言前提为充分必要条件假言

命题,并按充分必要条件假言命题的逻辑特性进行推演的假言推理。

它有以下四种有效的推理形式:

$$\frac{p \leftrightarrow q,\ p}{q} \qquad \frac{p \leftrightarrow q,\ \neg p}{\neg q}$$

$$\frac{p \leftrightarrow q,\ q}{p} \qquad \frac{p \leftrightarrow q,\ \neg q}{\neg p}$$

比如:

(14) 如果而且只有三角形两底角相等,该三角形才是等腰三角形
这个三角形两底角相等
——————————————————
所以,这个三角形是等腰三角形

(15) 如果而且只有三角形两底角相等,该三角形才是等腰三角形
这个三角形两底角不相等
——————————————————
所以,这个三角形不是等腰三角形

(16) 如果而且只有三角形两底角相等,该三角形才是等腰三角形
这个三角形是等腰三角形
——————————————————
所以,这个三角形两底角相等

(17) 如果而且只有三角形两底角相等,该三角形才是等腰三角形
这个三角形不是等腰三角形
——————————————————
所以,这个三角形两底角不相等

例(14)—(17)分别运用的是充分必要条件假言推理的肯定前件式、否定前件式、肯定后件式和否定后件式。不难看出,肯定前件式、否定后件式与充分条件假言推理的有效式相同,否定前件式、肯定后件式与必要条件假言推理的有效式相同。这说明,由于充分必要条件假言命题的前件对后件而言既充分又必要,因此充分必要条件假言推理的有效式就自然包括了充分条件假

言推理的有效式和必要条件假言推理的有效式,其推理规则自然也就是后两种推理的规则的概括:

① 肯定前件就要肯定后件,否定前件就要否定后件;
② 肯定后件就要肯定前件,否定后件就要否定前件。

(五) 假言推理的推广形式及其有效式

1. 纯假言推理及其有效式

先看雨果想出的下述绝妙的谢客方法:

有一段时间,法国著名大作家雨果为了赶写一部作品,必须集中所有的时间和精力,但是频繁的社交需要又使得他难以集中自己的时间和精力。于是,他想出一个方法,把自己的半边头发和胡须剪去,这样就可以不失礼节地谢绝一切亲友的约会之类的活动,直到须发长齐为止。当然等到须发长齐后,他自然是将又一部辉煌巨著奉献给世界了。

从雨果想出这一方法的思维活动中,不难看出他是进行了这样一个推理:

(18) 如果把半边头发和胡须剪去,那就可以不失礼貌的谢绝一切活动

如果谢绝一切亲友约会之类的社交活动,那就能集中所有时间和精力写完作品

所以，如果把半边头发和胡须剪去，就能集中所有时间和精力写完作品

雨果在此所运用的推理就是一种纯假言推理，即其前提和结论均为假言命题的假言推理。由于这种推理的两个前提和结论均为充分条件假言命题，所以又可将其称为充分条件的纯假言推理。如果用充分条件假言命题的命题形式来加以表示，则雨果的上述推理可用公式表示为：

$$p \rightarrow q$$
$$q \rightarrow r$$
$$\overline{p \rightarrow r}$$

这一公式显然是充分条件假言推理的肯定前件式的扩展，即连续运用，是符合充分条件假言推理的规则的，因而是一个合乎逻辑的有效式。

对充分条件假言推理的否定后件式加以扩展，也可构成一个有效的推理形式：

$$p \rightarrow q$$
$$q \rightarrow r$$
$$\overline{\neg r \rightarrow \neg p}$$

前面我们曾讲到明人陈嗣初为了证明冒充林逋十世孙的年轻人绝不可能是林逋的后代时，曾赋诗一首，据此我们曾构造了一个充分条件假言推理，即本节例(1)，但如将其细化，实际上也可以构成一个否定后件式的充分条件纯假言推理：

(19) 如果一个人没娶过妻，那么他就不会有儿子
　　　如果一个人不会有儿子，那么他就不会有后代子孙
　　　所以，如果他有后代子孙，那么他就不会没娶过妻

无疑，这是一个有效的、合乎逻辑的充分条件纯假言推理。

此外，正如我们把作为充分条件假言命题的例(1)改写成了一个必要条件假言命题，例(2)，我们也可以把作为充分条件纯假言推理的例(19)转换成

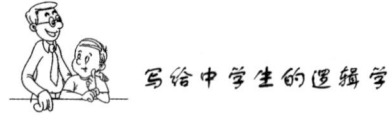

一个必要条件纯假言推理:

(20) 只有一个人娶过妻,他才会有儿女

只有一个人有儿女,他才会有后代子孙

所以,如果一个人没有娶过妻,那么他就不会有后代子孙

如果我们用公式来表述上述推理,可记为:

p←q
q←r
﹉﹉﹉
￢p→￢r

上述公式无疑是必要条件假言推理的否定前件式的扩展,因而是符合必要条件假言推理的规则的,是一个合乎逻辑的有效式。

同样,对必要条件假言推理的肯定后件式加以扩展,也可构成另一个有效的推理形式:

p←q
q←r
﹉﹉﹉
r→p

例如:

(21) 只有一个人娶过妻,他才会有儿女

只有一个人有儿女,他才会有后代子孙

所以,如果一个人有后代子孙,那么他就娶过妻

这就是一个有效的、合乎逻辑的必要条件纯假言推理。

以上所讲纯假言推理都是由两个假言命题作为前提推出一个假言命理作为结论的推理。其实,除了这种类型,纯假言推理还可以是以一个假言命题为前提推出另一个假言命题为结论的推理。比如,可以由一个充分条件假言命题为前提,按照充分条件假言命题的逻辑特性,从否定其后件而否定其前件,推出另一个作为结论的充分条件假言命题。其有效式为:

$$\frac{p \to q}{\neg q \to \neg p}$$

例如:

(22) 如果一个人骄傲,那么他就会落后

所以,如果一个人不想落后,那么他就不能骄傲

当然,纯假言推理也可以由一个必要条件假言命题为前提,按照必要条件假言命题的逻辑特性,推出另两个作为结论的充分条件假言命题。其有效式为:

$$\frac{p \leftarrow q}{\neg p \to \neg q} \quad 或 \quad \frac{p \leftarrow q}{q \to p}$$

例如:

(23) 只有身体好,才有足够精力搞好学习

所以,如果身体不好,那么就没有足够精力搞好学习

(24) 只有年满十八岁,才有选举权

所以,如果某人有选举权,那么某人年满了十八岁

不难看出,以上三种形式的纯假言推理,即例(22)—(24),都是分别根据充分条件假言推理的规则②、必要条件假言推理的规则①和规则②而进行的,所以它们都可视为假言推理的推广形式,亦可分别称为充分条件假言易位推理和必要条件假言易位推理。再由于它们都是从一个假言前提推出一个假言结论,所以相对于由两个假言前提推出一个假言结论的纯假言推理,即间接的纯假言推理而言,它们也可称为直接的纯假言推理。

2. 假言选言推理(二难推理)及其有效式

先看看爱因斯坦的一段轶事:

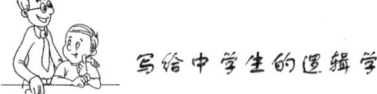

爱因斯坦还是个无名之辈时,有一次在纽约街上碰到一个熟人,那人见他穿着寒碜,便问他:"你怎么穿得这么破旧?"爱因斯坦笑笑回答道:"反正这里也没人认识我。"

几年后,爱因斯坦成了科学界的大明星。一天,在纽约街上他又遇见那个熟人,那人一见即惊讶地问他:"你怎么还是穿得这么破旧?"爱因斯坦仍然笑笑回答道:"反正这里的人都已经认识我了。"

爱因斯坦对这位熟人的两次回答,其实包含着一个假言选言推理。试整理如下:

(25) 如果这里的人不认识我,那么穿衣服破旧点没关系;如果这里的人认识我,那么穿衣服破旧点也没关系

或者这里的人不认识我,或者这里的人认识我

所以,穿衣服破旧点没关系

如果用假言命题和选言命题的命题形式来表示上述推理,其推理形式就是:

$$\frac{p \to q\,;\,r \to q}{p \lor r}$$
$$q$$

这一推理的第一个前提是两个充分条件假言命题的合取,第二个前提是以第一个前提中两个假言命题的前件为支命题的选言命题,结论则是前提中那两个假言命题的后件(在此推理中是相同的,但也可以是不同的命题)。作为假言命题和选言命题的结合,这一推理也可以看作是假言推理的扩展形式,可称为假言选言推理。而且,这也是一个遵守了充分条件假言推理和选言推理规则的推理,即一个有效的、合乎逻辑的推理。

假言选言推理是人们在论辩过程中经常运用的一种推理。运用这种推理的一方常常提出具有两种可能性的选言前提,对方不论选择其中哪一种可能,结果都会陷入进退两难的境地,所以这种推理又被称为二难推理。

二难推理有四种不同形式,前面所举例(25)是其中一种形式,即其第一个前提是两个有着一个共同后件的充分条件假言命题的合取,第二个前提是选言命题,而且其两个支命题分别为构成前提中那两个假言命题的前件。这样,按照充分条件假言推理的肯定前件式,就可在结论中推出前提中那两个假言命题的共同的后件。这种形式就其是运用充分条件假言推理的肯定前件式而言,可称为构成式;就其结论是前提中那两个假言命题的共同后件(一般是一个简单命题)而言,可称为简单式。故此形式的二难推理又可称为简单构成式。

据此,如果在这种构成式中,前提中的那两个假言命题的后件并不相同,那么其结论就是由这两个不同的后件的析取所构成的复合命题。这种二难推理就称为复杂构成式,其公式为:

$$\frac{p \rightarrow q ; r \rightarrow s}{p \vee r}$$
$$\overline{q \vee s}$$

比如,古希腊雅典城的一个居民给他那正在靠演讲口才以求取功名富贵的儿子提出警告,以及他儿子的回答,就是运用了这种复杂构成式的二难推理。先看父亲对儿子的警告:

(26) 如果你说真话,那么富人显贵就会憎恨你;如果你说谎话,那么黎民百姓就会憎恨你
你或者说真话,或者说谎话

所以,或者富人显贵憎恨你,或者黎民百姓憎恨你

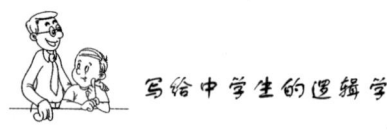

再来看儿子对父亲所提警告的回答:

(27) 如果我说真话,那么黎民百姓就会赞颂我;如果我说谎话,那么富人显贵就会赞颂我

我或者说真话,或者说谎话

所以,或者黎民百姓赞颂我,或者富人显贵赞颂我。

上述两个推理都运用了二难推理的复杂构成式。从逻辑上说,二者都是遵守了充分条件假言推理和选言推理的规则,因而是合乎逻辑的。于是,要想反驳上述二难推理,就不能仅仅从逻辑入手了。

上述构成式都是运用充分条件假言推理的肯定前件式而构成的。与此不同,如果运用充分条件假言推理的否定后件式,也可构成相应的二难推理。这样的二难推理被称为破坏式,也有简单式与复杂式之分。其公式分别为:

$$p \rightarrow q; p \rightarrow r$$
$$\neg q \vee \neg r$$
$$\overline{\neg p}$$

$$p \rightarrow q; r \rightarrow s$$
$$\neg q \vee \neg s$$
$$\overline{\neg p \vee \neg r}$$

上左的推理形式就是简单破坏式,上右的则是复杂破坏式。

例如,某中学有一个学生,学习很不刻苦,学业拉下来了,老师组织同学帮助他,可他又不虚心。于是老师要求他要从端正学习态度入手。该生听了却不以为然,以为自己的学习态度已经很端正了。为此,老师就批评他说:"如果你的态度端正,为什么不刻苦学习呢? 为什么不虚心学习呢?"老师的这个批评实际上就运用了一个二难推理的简单破坏式:

(28) 如果你的学习态度端正,你就会刻苦学习;如果你的学习态度端正,你就会虚心学习

你或者不刻苦学习,或者不虚心学习

所以,你的学习态度不够端正

又如,据《隋书》记载,隋文帝杨坚不信墓田风水之类的鬼话。他曾现身

说法,以自己亲身经历来证明风水之类的说法不可信。他说:"我家墓田,如云不吉,我不当贵为天子;若云吉,我弟不当战死。"杨坚的这段话,就运用了一个二难推理的复杂破坏式:

(29) 如说我家墓田不吉,那我就不当贵为天子;如说我家墓田吉利,
那我的弟弟就不当战死
我已贵为天子,或者我的弟弟已经战死

所以,不能说我家墓田不吉,或者不能说我家墓田吉利。

(28)和(29)两个推理都遵守了充分条件假言推理否定后件就是要否定前件的规则,因而都是合乎逻辑的有效推理。

以上就是二难推理的四种形式,在日常思维特别是论辩中经常为人们所使用。但是,并非所有人都能正确地运用它们,而且形形色色的诡辩者还常常利用它们来进行诡辩,或通过使其前提不真,或通过使其形式无效,而使其成为错误的二难推理。为此,我们也要学会识别和揭露二难推理中可能含有的种种错误并予以驳斥。而驳斥的方法,不外乎或指出其前提是不真实的,或指出其形式是无效的,即不合逻辑的。当然,也可以提出一个与之针锋相对的二难推理。比如,笔者在逻辑教学过程中曾碰到过一位同学,他主张取消考试,理由是无论哪种考试无非是考一些学生掌握了的知识,但如果是考学生掌握了的知识,那么考试没有什么用(因为知识既然已被学生掌握了,考试有何用呢);如果考试是考学生未掌握的知识,考试也是无用的(既然有的知识考生未掌握,通过考试他仍未掌握)。因此,不管考什么知识,考试都是没有用的。这其中就包含了如下一个简单构成式的二难推理:

(30) 如果考试是考学生已掌握了的知识,那么考试是无用的;如果
考试是考学生未掌握的知识,那么考试也是无用的
考试或者是考学生掌握了的知识,或者是考学生未掌握的知识

所以,考试总是无用的

　　为了驳斥这一二难推理,我首先向他指出:在推理形式上,你是没有错的,因为你提出的是一个简单破坏式的二难推理而且遵守了相关的规则。问题在于你的推理的第一个前提由两个充分条件假言命题所组成,但这两个假言命题并不真实,因为其前件并不是后件的充分条件。就前一个假言命题来说,即使考题是考生掌握了的知识,那也推不出考试是无用的。因为通过考试,可以巩固和加深对这些知识的理解,这是一方面。另一方面,作为一种检测学生对知识掌握情况的有效方式,教师正是通过考试才能了解到各类学生对所考知识的不同掌握情况,这仍然是有意义的。就后一个假言命题来说,通过考试,检测出学生尚未掌握有些知识,这不仅对了解各类学生的知识掌握情况是有用的,而且对学生本人来说也是有用的。因为这会让学生更清楚地了解到自己还有哪些应该掌握但实际并未掌握的知识,这对学生如何进一步搞好自己的学习无疑也是有重要意义的。在讲清这些道理后,我提出一个与之针锋相对的二难推理:

(31) 如果考试是考学生已掌握了的知识,那么考试是有用的(因为这可以帮助学生进一步巩固和加深对知识的掌握);如果考试是考学生未掌握的知识,那么考试也是有用的(因为学生可以借此而明确自己的不足之处)

考试或者是考学生掌握了的知识,或者是考学生未掌握的知识

所以,考试总是有用的

例(31)与(30)针锋相对,但假言命题的理由充分,因而自然就使得那位同学信服了。

3. 假言联言推理及其有效式

先看看德国近代著名作家歌德喝酒掺水的故事:

歌德有一次出门旅行,走进一家饭馆,要了一杯酒,他先尝了尝酒,然后往酒里掺了点水。旁边桌子坐着几个喝酒的大学生,他们兴致勃勃,吵吵闹闹。当他们看到邻座的这位先生喝酒掺水时不由得哄堂大笑。其中一个问道:"亲爱的先生,请问你为什么要把这么好的酒掺水喝呢?"歌德回答说:"光喝水使人变哑,池塘里的鱼儿就是明证;光喝酒使人变傻,在座的先生们就是明证;我不想做哑巴和傻子,因此把酒掺水喝。"

歌德的这段话就包含了一个假言联言推理:

(32) 如果只喝水,就会让人变哑(如池塘里的鱼);如果只喝酒,就会使人变傻(如几位大学生在喝酒时的吵吵嚷嚷)
我既不愿变成哑巴,也不愿变成傻子
─────────────
所以,我不能只喝水,也不能只喝酒(即要把酒和水掺合后喝)

假言联言推理是以两个充分条件假言命题的合取跟一个联言命题(其联言支的数目与假言命题的数目相同,或是对假言命题前件的肯定或是其后件的否定)为前提而推出一个联言命题为结论的复合命题推理。由于这种推理

是假言命题与联言命题的结合,所以它也是一种假言推理的扩展形式。

上述假言联言推理可用符号表示为:

$$\frac{p \to q; r \to s}{\neg q \wedge \neg s}$$
$$\overline{\neg p \wedge \neg r}$$

这个公式就是作为假言联言推理主要形式之一的否定式。它是在前提中援引联言命题的两个支命题来分别否定两个充分条件假言命题的后件,进而在结论中否定这两个假言命题的前件。这一推理形式完全符合充分条件假言推理的规则,所以是有效的、合乎逻辑的。

假言联言推理的另一种形式是肯定式。它是在前提中通过联言命题的两个支命题来分别肯定两个充分条件假言命题的前件,进而在结论中肯定这两个假言命题的后件。比如:

(33) 如果要加强社会主义物质文明建设,就要大力发展社会主义生产力;如果要加强社会主义精神文明建设,就要大力加强和改善思想政治工作

我们现在要加强社会主义物质文明建设,也要加强社会主义精神文明建设

所以,我们既要大力发展社会主义生产力,又要大力加强和改善思想政治工作

上述推理可用符号表述为如下公式:

$$\frac{p \to q; r \to s}{p \wedge r}$$
$$\overline{q \wedge s}$$

假言联言推理,也是人们日常思维中,特别是在工作过程中常用的一种推理。为了正确运用这种推理形式,就必须遵守充分条件假言推理和联言推理的规则。只有如此,这种推理才能是有效的、合乎逻辑的。

第五章
思维要合乎逻辑规律的要求

前面各章我们已分别说明,人们为了正确思维和有效交际,必须做到概念明确、判断恰当、推理合乎逻辑。这是分别就思维所使用的概念、判断和推理等思维形式来说的。其实,还有一些更根本的逻辑要求也是人们在正确思维和有效交际过程中必须严格遵守的,这就是贯穿于概念、判断和推理之中的逻辑思维规律的要求。

这里所说的逻辑思维的规律,是指在人们的一切思维活动和思维过程中普遍起作用的那些规律,大体上就是指传统形式逻辑的三条基本规律:同一律、矛盾律和排中律。遵守这几条规律是思维正确、合乎逻辑的基础和前提。违背这几条规律的要求,任何思维及其表达都不可能是正确的、合乎逻辑的。

一、同 一 律

(一)同一律的基本内容及其基本逻辑要求

先看《艾子杂说》介绍的一则故事:

营丘人:大车下面和骆驼的颈项上都挂着铃,这是为什么?

艾子:大车和骆驼都是很大的东西,如果它们在夜里行路,忽然狭路相逢,来不及让路就会出事。有了铃,"叮当叮当"地

响着,双方就能够互相让路。

营丘人:塔的上面也挂着铃,难道也是为了叫人准备让路吗?

艾子:你这个人竟然不通事理到这个地步!鸟雀喜欢在高的地方做窠,鸟粪会把高塔弄得很脏,塔上挂了铃,风一吹,"叮当"一响,鸟雀就会吓散。你怎能拿它跟大车和骆驼比呢?

营丘人:猎人养的鹞鹰尾巴下也挂着铃。哪有鸟雀到鹞鹰尾巴上去做窠的?

艾子:你这个人呀,不通事理得太奇怪了!鹞鹰出去捉鸟雀,它脚上系着绳子,有时会在树枝上缠住。如果它一扑翅膀,铃就会"叮当"响起来,人们就可以朝着铃声去寻。你怎么说是为了防止鸟雀来做窠呢?

营丘人:我曾见过送丧的挽郎,手中摇着铃,嘴里唱着歌,难道是怕绊在树枝上吗?

一般读者看过这个故事后,都会认定这位营丘人是在同别人胡搅蛮缠、东拉西扯。从逻辑学的观点看,就在于他有意或无意地违反了同一律的逻辑要求,未能保持逻辑思维的确定性,而犯了偷换概念或偷换论题的逻辑错误。

同一律是传统形式逻辑的基本规律之一。它的基本内容是:任何一个概念或判断都有其确定的内容,因此在思维和论辩过程中,必须保持概念

或判断的确定与同一。就概念来说,在什么意义下使用某个概念,就应该按照这同一个意义去使用它,而不能随意变换概念的内容或把不同的概念互相混淆。就语词来说,一个语词表达什么概念,在同一思维过程中,就必须表达这同一个概念,不能时而表达这个概念,时而又表达另一个概念。否则,就要犯混淆概念或偷换概念的逻辑错误。就判断来说,是什么判断就是什么判断,在思维和论辩过程中,不能把两个不同的判断随意混淆或等同起来。否则,就要犯转移论题或偷换论题的逻辑错误。

上述营丘人的胡搅蛮缠、东拉西扯,正是违反了这条规律的逻辑要求的一种典型表现。我们知道,任何一个事物总有各种各样的属性。铃,自然也不会例外。比如,就概念来说,铃可以是"大车下面和骆驼颈下挂着的铃",可以是"塔顶上挂着的铃",也可以是"鹞鹰尾巴下挂着的铃"和"送丧的挽郎手中摇着的铃"。不同的铃当然有不同的用途,因而也有着不同的作用,是不能任意把它混为一谈的。而营丘人在同艾子的交谈中,却随意地把它们一个个混淆起来,用用途和作用不同的前一种铃去代换用途和作用不同的后一种铃,以此去辩难艾子。这就是一种违反同一律要求的混淆或偷换概念的逻辑错误。

就判断的角度说,不同用途和作用的铃,自然可以形成不同的判断。"大车的骆驼颈上挂着的铃是用来提醒路人相互让路的"、"塔上挂着的铃是用来吓散鸟雀的"……这些判断分别断定的是铃所具有的不同作用,因而是不能任意混淆和混用的。而营丘人的错误恰恰就在于把这些不同判断中的前一个判断与后一个判断等同和混淆起来了。就此而言,他的一系列提问和论辩又违反了同一律的要求,犯了转移或偷换论题的逻辑错误。

(二) 违反同一律要求的常见逻辑错误

违反同一律要求的逻辑错误,主要的就是上述混淆或偷换概念的错误与转移或偷换论题(判断)的错误,但其具体表现又是多种多样的。下面,举一些在这方面常见的、有代表性的错误稍加分析说明。

(1) 古希腊智者欧谛德谟面对一些人批评他说谎时,他回答说:"谁说谎,谁就是说不存在的东西;不存在的东西是无法说的;因此没有人能说谎。"

(2)一天下午,老吴来到一家钥匙修配店。店里有四个人正在聊天。"师傅,配钥匙。"没有人回答。于是,老吴又喊了两遍。

"配几把?"总算有一个女同志慢吞吞地站起来问老吴。

"配两把。"

"明天可取。"

"请帮忙快一点,我们单位里急着要用。"

"不行!"

老吴只好指着店里贴着的《服务公约》说:"你们的《服务公约》上不是写着'立等可取'吗?"

谁知这位女同志却对老吴说:"你站着等到明天取走,不就是立等可取吗!"

以上两例中都有违反同一律的逻辑要求的地方,犯有混淆或偷换概念的逻辑错误。由于概念是反映对象的,因此混淆或偷换概念也可解释为混淆或偷换了所谈论的对象。但是,两个例子在其错误的手法和表现方面略有不同。例(1)是通过混淆"不存在的东西"这一语词的两种不同的含义,亦即两个不同的概念而偷换概念的。具体地说,当欧谛德谟说"谁说谎,谁就是说不存在的东西"时,其中"不存在的东西"指的是与客观实际不相符合的东西,而

当他说"不存在的东西是无法说的"时,其中"不存在的东西"指的却是客观上根本不存在的东西,当然也就是说无法去说的东西。由此,他就通过把前一种含义的"不存在的东西"与后一种含义的"不存在的东西"混为一谈,从而得出结论:既然不存在的东西是无法说的,而说谎是说不存在的东西,因此也就可以说:说谎是无法说的,即"没有人能说谎"。

例(2)中的女同志把服务公约中的"立等可取"解释为"你站着等到明天取走",则是通过把一个有确定含义(内涵)的概念歪曲地解释为具有另一种含义(内涵)的概念来达到偷换概念、刁难顾客的目的。再具体一点说,《服务公约》中的"立等"是有其确定含义的,它指的是"稍等一会儿"的意思,而绝不是望文生义的所谓"立着等",甚至要顾客一直站着等到明天。这位女同志的回答,是故意歪曲"立等"的本来含义,而用她自己杜撰的含义去更换了它。这是典型的偷换概念的逻辑错误。

除了上述几种较为常见的混淆或偷换概念的表现手法外,还有一些容易导致混淆或偷换概念的场合,也是值得我们注意的。

(3) 有甲乙二人,甲向乙夸口说:我有学话的才能,无论你讲了什么话,我都能一字不差地复述出来。于是,乙、甲开始了这场测验:

乙说:"每一个结果都有一个原因。"

甲说:"每一个结果都有一个原因。"

乙说:"每一个原因都导致一个结果。"

甲说:"每一个原因都导致一个结果。"

乙指甲说:"错了。"

甲反驳说:"没有错。"

于是,二人争论起来,谁也说服不了谁。

(4) 一天,某食品店师傅叫艺徒小林写张"欢迎选购中秋月饼"的条幅。小林提笔一挥,竟将月饼的"月"字写成了"日"字。师傅见后直摇头,用手指着"日"字道:"小林,这是个白字。"不料,小林不服气地说:"师傅,您大概不识字吧?'日'字上面加一撇才是'白'字呵!"

这两个例子中都有犯了混淆或偷换概念的逻辑错误的地方。不过,其错误所在的原因却需要做一点分析。就例(3)来说,二人所以引起争论,关键在

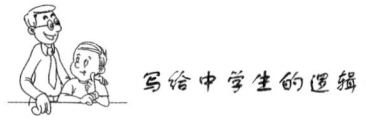

于甲的最后一句"没有错",并不是乙的第三句"错了"的复述。就此,乙理所当然地认为甲没有一字不差地复述他所说的第三句"错了",因而甲的夸口没有兑现。甲却认为他讲"没有错"是对乙指责他前两句的复述是"错了"的纠正,也就是说,"我前两句复述并无错,怎能讲'错了'呢?"可见,甲、乙争论的关键在于:对乙最后一句"错了"的理解二人未能保持同一。乙是将"错了"理解为对象语言(即作为被研究和被讲述的语言,如老师用汉语讲授英语时的英语),甲却将其理解为使用语言(或称元语言,即用来研究和讲述对象语言的语言,如老师用汉语讲授英语时的汉语)。作为对象语言,乙讲"错了",甲就应复述为"错了",而甲却说"没有错",乙自然就会认定甲未能正确复述,未能兑现其约定。而甲之所以说"没有错",没有去复述乙所说的"错了",原因在于甲将乙所说的"错了"理解为使用语言,即是对前面两句的复述是否正确的评价。既然二人对乙所说的"错了"有此两种不同的理解,而未能保持理解的同一,争论自然也就不可避免。而乙也正是利用这种在复述时容易使人混淆两种语言的情况而误导甲不去坚持复述以至于出错了。这就是说,如果不能正确区分所用语言是对象语言还是使用语言(元语言),就容易将二者混淆起来而导致违反同一律要求的逻辑错误。

例(4)中小李的错误则在于混淆了语词的自指和他指而引起了混淆或偷换概念的逻辑错误。当师傅指出他写的"曰"字是个白字时,这里所谓的"白字"是指读错或写错的字,这是"白"字的他指。而小李对师傅说:"'曰'上加一撇才是'白'字呵!"这是"白"字的自指。因此,小李在这里是把"白"字这一语词的他指与自指混淆起来,并将语词的他指理解为自指而犯了混淆概念的逻辑错误。

以上所讲的都属违反同一律要求的混淆或偷换概念的错误。下面,再分析一下违反同一律要求而常见的转移或偷换论题的错误。这也是一种常见的没有保持判断的确定性而犯的逻辑错误。

(5)我们提倡语言美,那么,什么样的语言是美的呢?我想,"问渠哪得清如许,唯有源头活水来",你的语言为何如此纯洁而明净,那是由于你的灵魂崇高而朴实,有美源头的活水。语言是反映一个人风貌的另一面镜子,豪放的人语言激扬而不俗;潇洒的人言谈风趣而不随便;谦逊的人含蓄蕴藉而绝不猥琐;博学的人旁征博引而不芜杂。你学富五车,

在讲堂上才能有惊人妙语;你胸无点墨,则往往临阵搜索枯肠。

(6)父亲:你竟敢背着我抽烟,我非狠狠地处罚你不可。

儿子:爸爸,别处罚我。我向您保证:从现在起,我以后肯定不背着您抽烟。

上述两个例子都违反了同一律的逻辑要求,没有保持判断(论题)的确定性,犯了转移或偷换论题的错误。例(5)开始提出的论题是"什么样的语言是美的",但文章并未对此做出回答,随即又提出了"美的语言从哪里来"的问题,以后的论述基本上都围绕这一问题而展开的,以至忘掉了最初提出的论题。显然,文章是犯了转移或偷换论题的逻辑错误。

在例(6)中,当父亲指责儿子"你竟敢背着我抽烟"时,这个命题(判断)的意思是十分明确的,就是反对和禁止儿子抽烟。但儿子却故意置这个本来意思而不顾,对父亲提出的命题仅作字面的解释,只向父亲保证"以后肯定不背着您抽烟",其意思也很清楚:以后可以抽烟,只是不背着父亲抽烟就是了。显然,这是有意歪曲父亲的命题而将其偷换成了另一个命题,犯了偷换论题的错误。

从以上诸例中不难看出,遵守同一律的逻辑要求,保证概念、判断以及推理等思维形式的确定和同一,是十分重要的。因为只有保证所有思维形式在

思维过程中的确定与同一,才能保证思维的确定性;只有具有确定性的思维,才能正确地反映客观现实,人们之间也才能正常地进行思想交流。否则,自觉或不自觉地违反了同一律的逻辑要求,混淆或偷换概念,转移或偷换论题(判断),就必然会使思维含混不清,不合逻辑,既不能正确地组织思想,也不能正确地表达思想。总之,遵守同一律的逻辑要求乃是人们正确思维和有效交际的必要条件。

二、矛 盾 律

(一) 矛盾律的基本内容及基本逻辑要求

还是先看看科学史上的一则传说:

> 一个年轻人想到大发明家爱迪生的实验室里去工作。爱迪生接见了他。
>
> 这个年轻人满怀信心地说:"我想发明一种万能溶液,它可以溶解一切物品。"
>
> 爱迪生听罢之后,惊异地说:"那么你想用什么器皿放置这种万能溶液呢?它不是可以溶解一切物品吗?"
>
> 年轻人哑口无言。

为什么这个年轻人被爱迪生问得哑口无言呢?这是因为他提出的"发明一种万能溶液,它可以溶解一切物品"这个想法,自身包含着不可克服的逻辑矛盾。而任何一种思想,包括任何一个判断、一种理论或一种理论体系,只要包含着逻辑矛盾,它就是不能成立的,也是不可能为人们接受的。从逻辑学的角度来说,任何思想和言论,如果包含着逻辑矛盾,那就违反了作为基本逻辑思维规律之一的矛盾律的逻辑要求,就是不合逻辑的思想和言论,是错误的、不正确的。

矛盾律的基本内容是:两个互相矛盾的思想不能同时都是真的。

因此在思维过程中,对同一对象不能同时做出两个互相矛盾的判断,即

不能既肯定它是什么,同时又否定它是什么。换句话说,在任何思维和论辩过程中,思维必须前后一贯,不能自相矛盾。如果违反矛盾律的逻辑要求,那就会犯自相矛盾或逻辑矛盾的错误。上述传说中那位年轻人的想法就存在这样的问题。他一方面承认"万能溶液可以溶解一切物品";另一方面又因为万能溶液作为一种溶液,必须有器皿能够盛放,即至少要有一种器皿不为这种溶液所溶解,从而又不得不承认"有的物品是万能溶液所不能溶解的",也就是要承认"并非万能溶液可以溶解一切物品",而这是与"万能溶液可以溶解一切物品"的论断完全矛盾的。按照矛盾律的要求,两个互相矛盾的判断不可能同时都是真的。因此,在爱迪生指出了这一逻辑矛盾以后,这位年轻人只能哑口无言了。

(二) 违反矛盾律要求的常见逻辑错误

如前所述,矛盾律要求人们在思维及其表达过程中不能出现逻辑矛盾(表现在同一主体中也可称为自相矛盾)。这就是说,对任何思想或言论,不能既肯定它,同时又否定它,或者说得更简单些,对同一个判断,不能既说它是真的,又说它是假的。矛盾律这些要求,似乎对任何人来说都是不证自明的,也是容易做到的。但为什么在人们的日常工作、学习及人们的相互交往中,甚至在学术领域中,却常常出现违反这一要求的各种逻辑错误呢?原因无疑是多方面的,因而这种逻辑错误的表现也就是多方面的。下述事例将具体表明这一点。

(1)《水浒》中,关于林冲刺配沧州,入牢城营,见差拨时有如下一段对话:

……差拨过来问:"那个是新来的配军?"林冲见问,向前答应道:"小人便是。"

那差拨不见他把钱拿出来,变了面皮,指着林冲骂道:"你这个贼配军!见我如何不下拜,却来唱喏?你这厮可知在东京做出事来!见我还是大剌剌的!我看这贼配军满脸都是饿纹,一世也不发迹!打不死,拷不杀的顽固!你这把贼骨头好歹落在我手里!教你粉骨碎身!少间叫你便见功效!"把林冲骂得"一佛出世,二佛生天"……

林冲见他发作过了,去取五两银子,陪着笑脸,告道:"差拨哥哥,些

小薄礼,休言轻微。"……差拨见了,看着林冲笑道:"林教头,我也闻你名字。端的是个好男子!想是高太尉陷害你了。虽然日下暂时受苦,久后必然发迹。据你的大名,这表人物,必不是等闲之人,久后必做大官!"

(2) 古时,有一个京官要到外地任职,临走前,去向他的恩师拜别,老师对他说:"外地的地方官不容易当,你要小心谨慎为好!"京官说道:"老师放心,我准备了高帽一百顶,逢人便送一顶。这样恐怕就不会有什么问题了。"老师听了很生气,当场呵斥他:"吾辈师教,不搞邪门歪道,哪有像你这样办事的?"京官说:"天下的人,能有几个像老师这样不喜欢戴高帽的?"老师听了,转怒为喜、点点头说:"你这一句话倒也说得很对!"

京官辞别老师后,便对别人说:"我的一百顶高帽,今天只剩下九十九顶了!"

上述二例,显然都包含着违反矛盾律的逻辑要求而陷入逻辑矛盾的错误。例(1)中的牢城营的差拨,见林冲不拿出钱来,把林冲骂得来狗血喷头,骂林冲是"贼骨头"、"满脸都是饿纹,一世也不发迹"……但当林冲拿出银子,献出"薄礼"后,差拨又立即笑说,林冲"端的是个好男子"、"久后必然发迹"、"必做大官"。显然,后面对林冲的评价与此前的评价是相互矛盾的。该差拨为什么会出现这种自相矛盾、自己打自己的嘴巴的错误呢?原因无他,受其私利的左右而已。于是,未满足其私利时的评价与私利满足后的评价,自然就大相径庭,自相矛盾了。

在例(2)中,那位京官的老师由于言行不一而出现了自相矛盾。在言论上,老师把给人戴高帽的话说成是"歪门邪道",可是当京官学生给他自己戴了一顶高帽时,却说学生给他戴高帽的话,"说得很对"。这是明显的自相矛盾。

以上两例,大体说明由于道德修养方面的问题也可能自觉或不自觉地导致违反矛盾律的要求而犯自相矛盾的逻辑错误。

(3) 一照相馆公布的《照相须知》中有这样两条规定:

一、照片为近期免冠半身照,经常戴眼镜的公民照相时应戴眼镜。

……

四、不是盲人不要戴眼镜拍照。

第五章 思维要合乎逻辑规律的要求

(4) 在从前的年代,四方台向来没有人上去过,上去的人就从来没有回得来。

以上两例同样包含着逻辑矛盾。就(3)来看,《照相须知》的第一、四两条相互矛盾。第四条规定"不是盲人不要戴眼镜拍照",而第一条却规定只要经常戴眼镜的公民"照相时应戴眼镜",即虽不是盲人也可戴眼镜拍照,实即否定了第四条的规定。由此表现出对"不是盲人不要戴眼镜拍照"这一命题,既肯定(第四条),又否定(第一条),从而陷入了自相矛盾。所以如此,原因就在于《照相须知》的制定者没有通盘考虑各条的内容,没有前后各条相互关照。

例(4)既肯定"四方台向来没有人上去过",又说"上去的人就从来没有回得来",而后者又预设了"四方台有人上去过",从而否定了前一句所肯定的内容,这又犯了对同一命题既肯定又否定的自相矛盾的逻辑错误。总起来看,这两例所以存在自相矛盾的逻辑错误,都是由于表述不清,前后缺乏相互照应而引起的。

下面,再从语言运用的角度分析几个自相矛盾的例子,以弄清其所以出现这种逻辑错误的原因所在。下面是从报刊上摘录下来的一组包含语词之间、文字之间矛盾的文字:

(5) (××)演唱会门票已部分售罄。
1982年8月25日,(1919年出生的)石鲁英年早逝。
春节回家……被路旁光秃秃的森林吓了一跳。
(一个老作家)年轻时的近照。

(6) 在一面雪白的墙上写着几个大字:"此处请保持清洁,请勿涂写。"

小宝睡在妈妈的身旁,妈妈轻轻拍着为他催眠,小宝忽然说:"妈妈,不用拍,我已经睡着了。"

(7) 巍巍长城,逶迤万峰,气势磅礴,雄伟壮观,她是我国劳动人民的智慧结晶,是伟大祖国的天然屏障。

例(5)仅从字面上即可看出这些句子,或者说这些句子所表达的命题或判断都包含着矛盾:"售罄"就是卖完了,怎能又是只卖了"部分";1919年出生,1982年去世,已年过六旬,怎能是"英年"(一般指壮年)早逝;"光秃秃"不

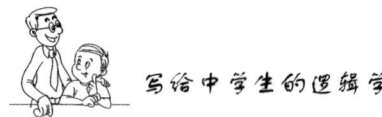

可能被称作森林,怎会有"光秃秃的森林";"近照"一般指最近拍摄的照片,老作家年轻时的照片,怎能成为"近照"。总之,上述句子或判断都是一些包含互相矛盾的语词的句子或判断。这种文字上或语词之间的矛盾很容易导致思维中的逻辑矛盾,我们应当尽力避免。

例(6)中墙上的标语和小宝所讲的话本身是并不包含矛盾的,但这些话的行动含义同它们的字面含义是相矛盾的。第一句话的字面意义是要保持这面墙的清洁,不要涂写,可是写这句话的行动本身却已造成雪白的墙面被涂写,被污染了,因此二者相互矛盾了。小宝的话的字面意义是表明他已经睡着了,但讲出这句话的事实本身却是表明他并没有睡着,于是二者之间又互相矛盾了。

例(7)对长城的描写,其语句主干是"长城……是……智慧结晶,是……天然屏障"。而作为两个并列谓语的"智慧结晶"和"天然屏障"是相互矛盾的:是前者就不是后者,是后者就不是前者,不能用它们来同时说明同一对象(长城)。

除上述以外,还有一种特殊的逻辑矛盾,其所以特殊,就在于它是不能用普通的逻辑方法来解决的。

(8) 1919年,英国著名的数学家逻辑学家罗素曾经提出这样一个有趣的问题:"某村子里有个理发师,他规定:我只给那些不给自己刮胡子的人刮胡子。请问:这个理发师该不该给自己刮胡子呢?"这个问题,就是数学史上著名的"罗素悖论"。

这个理发师给不给自己刮胡子呢?从逻辑上来说,只有两种可能性:不给自己给刮胡子,或者给自己刮胡子。但是,稍加分析就会发现,这两种可能性都会导致逻辑矛盾。

如果理发师不给自己刮胡子,那么按照他的规定,他就应该给自己刮胡子了。因为他规定他只为不给自己刮胡子的人刮胡子。这就是说,从"理发师不给自己刮胡子"出发,必然推出"理发师应该给自己刮胡子"。这本身就构成了逻辑矛盾。

如果理发师给自己刮胡子,那么按照他的规定,他就应该不给自己刮胡子。这就是说,从"理发师给自己刮胡子"出发,必然推出"理发师不应给自己

刮胡子"。这本身也是一个逻辑矛盾。

总之,在"理发师给不给自己刮胡子?"这个问题上,无论怎样回答,都会导致逻辑矛盾。这种现象,我们就称之为悖论。如果用"p"表示命题变项,那么悖论就可表示为:

$$(p \to \neg p) \land (\neg p \to p)$$

其含义是说:

如果 p,则可推出 ¬p;如果 ¬p,则可推出 p。

这类悖论,古代就已经发现,但一直被看作笑语,没有发生多大的影响。直到罗素提出这个问题,说明近代数学(集合论)中也产生了这类矛盾,才引起人们广泛、系统的研究,从而给数学,特别是给数理逻辑的研究以巨大的推动。

总之,从上述的分析中我们不难看出,遵守矛盾律的要求,排除思维及其表达过程中的一切逻辑矛盾,以保证思维及其表达过程中的无矛盾性,即首尾一贯性是极其重要的。因为只有无逻辑矛盾的思维,才能正确地反映客观现实,人们之间也才能正常地进行思想交流而实现有效交际的目的。反之,如果自觉或不自觉地违反矛盾律的要求,那就会犯自相矛盾的逻辑错误或导致逻辑矛盾,使思维丧失无矛盾性和确定性而引发思维的混乱。由此可见,遵守矛盾律的逻辑要求,乃是人们正确思维和有效交际的又一个必要条件。

三、排 中 律

(一) 排中律的基本内容及其基本逻辑要求

我们先看鲁迅先生一篇题为《立论》的杂文:

我梦见自己正在小学校的讲堂上预备作文,向老师请教立论的方法。"难!"老师从眼镜圈外斜射出眼光来,看着我,说:"我告诉你一件事——"

一家人家生了一个男孩,合家高兴透顶了。满月的时候,抱出来给客人看,——大概自然是想得一点好兆头。

一个说:"这孩子将来要发财的。"他于是得到一番感谢。

一个说:"这孩子将来要做官的。"他于是收回几句恭维。

一个说:"这孩子将来是要死的。"他于是得到一顿大家合力的痛打。

"说要死的必然,说富贵的许谎。但说谎的得好报,说必然的遭打。你……"

"我愿意既不谎人,也不遭打。那么,老师,我得怎么说呢?"

"那么,你得说:'啊呀,这孩子呵! 你瞧! 多么……。阿唷! 哈哈! Hehe! He,hehehehe!'"

从《立论》中"我"和"老师"的对话,不难看出,面对眼前的问题,他们都深感左右为难,而显得十分尴尬,于是他们的对话本身都在不同程度上包含着违反排中律的基本逻辑要求而产生的逻辑错误。

排中律也是传统形式逻辑的一条基本规律。排中律是说,两个互相矛盾的判断不能同时都是假的,因此在思维过程中,对于两个互相矛盾的判断,就必须承认其中有一个是真的,给予明确的肯定,不能对两者同时都加以否定。

比如,"一切事物包含着矛盾"同"有的事物并不包含矛盾"就是一对互相矛盾的判断,它们之中总有一个是真的,因此我们就不能同时给予否定,即不能既不肯定前者,又不肯定后者。否则,我们就会违反排中律的逻辑要求,在互相矛盾的两个判断,进而在互相矛盾的思想面前"模棱两可"(实际上应是"模棱两不可")。

根据排中律的基本内容及其基本逻辑要求来看,《立论》中的"我"和"老师",都存在着这种模棱两可的逻辑错误。

首先,"我"提出"我愿意既不谎人,也不遭打",这就违反了排中律的要求。按照文中的说明,"说必然的遭打",即不说谎话、讲真话的必然遭打。因此,当"我"提出愿意"不遭打"时,实际上就意味着"我"也不愿意不说谎话。这样一来,"我"就陷入了"既不愿意谎人,也不愿意不谎人"(即"既不愿意说谎话,也不愿意不说谎话")的模棱两可的境地。在"愿意说谎话"和"不愿意说谎话"之间,既不肯定,又不否定,实际上就是同时对两个矛盾的判断都予以否定,想在二者之间骑墙居中,这当然是不可能的。一个人要么愿意说谎话,要么不愿意说谎话,二者必居其一,第三种可能是不存在的。

其次,文中的"老师"面对"我"提出的"我得怎么说呢?"这一问题时,也采取了含糊其词、模棱两可的作法,用"阿唪!哈哈!Hehe!He,hehehehe!"之类来搪塞,回避明确表态,实际上也是在"愿意说谎话"和"不愿意说谎话"这两个互相矛盾的判断面前,不置可否,企图骑墙居中。很显然,这也是违反排中律基本要求的逻辑错误。

(二) 违反排中律要求的常见逻辑错误

如前所述,由于排中律的基本逻辑要求是对两个互相矛盾的判断,不能同时都加以否定,换句话说,对同一个判断,不能对其既不肯定,又不否定,妄图在肯定与否定之间骑墙居中。然而,是非、真假之间,肯定、否定之间是没有中间可能的。必须排中而明确地表示和做出自己的断定。因此,违反排中律要求的常见逻辑错误就常常表现为在是非、真假之间骑墙居中,在争论上表现出含糊不清、模棱两可。下面,试举例分析:

(1) 在一次讨论古典文学名著《红楼梦》的会议上,出现了两种互相矛盾的意见:一种意见认为《红楼梦》是部杰出的古典文学名著,一种意见认为《红楼梦》并不是一部杰出的古典文学名著。主持会议的人在作讨论小结时说:"我不同意第一种意见,但也不同意第二种意见。"

会上出现的这两种意见,明显是互相矛盾的,而会议主持人对这两种意见却同时给以否定,显然违反了排中律的逻辑要求,犯了模棱两可的逻辑错误。究其原因,一方面可能是由于他自己对《红楼梦》的评价也有犹豫之处。如果是这样,他完全可以公开说明,明确表示自己还没想清楚,可以暂时不表示意见,这也是允许的。但他却采取了上述表态,以至于陷入了违反排中律要求的逻辑错误之中。另一方面,可能是他对两种不同意见的赞成者都不想"得罪",迫于情面,只好采取骑墙态度。这也正是人们所以会犯模棱两可错误的一个通常原因。

(2) 法官甲和法官乙在议论某一案件:

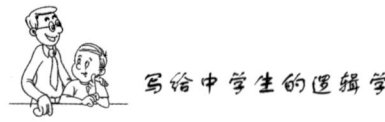

法官甲:"公诉机关的材料还不够充分、确凿,所以不能证明被告人犯了罪。"

法官乙:"那么说,只能判决被告人无罪了。"

法官甲:"也不能说被告就无罪,他嫌疑还是很大的。"

本例中的"犯了罪"与"无罪"是相互矛盾的,亦即没有中间可能,因此不能对二者同时予以否定,必须肯定一个而否定另一个。而法官甲的回答却是对二者同时否定,显然也犯了模棱两可的逻辑错误。

由上可见,排中律作为又一条基本的逻辑思维规律,其主要作用在于保证思维过程的明确性,即要求在两个互相矛盾的思想中做出非此即彼的明确选择,不能含糊其词,模棱两可。而满足这一要求、保持思维的明确性同样是人们正确思维和有效交际的一个必要条件。

(三) 矛盾律和排中律在解析逻辑智力题中的运用

自觉地遵守矛盾律和排中律的逻辑要求,不仅能保证我们思维的不矛盾性、前后一贯性和明确性,从而有助于我们正确思维和有效交际,而且根据矛盾律和排中律的基本内容及其逻辑要求来分析和研究问题,对于我们迅速地解析和破解某些逻辑智力题也有着重要的作用。下面,我们试举例说明:

(3) 有一天,某国首都的一家珠宝店,被盗贼窃走一块价值五千美元的钻石。经过三个月的侦破,查明作案的人肯定是甲、乙、丙、丁这四个人中的某一个人。于是,这四个人被作为重大嫌疑犯而拘捕入狱。在审讯中,这四个人的口供如下:

甲:钻石被窃的那一天,我正在别的城市,所以我是不可能去作案的。

乙:丁就是罪犯。

丙:乙是盗窃这块钻石的罪犯。三天前,我看见他在黑市上卖一块钻石。

丁:乙同我有私仇,有意诬陷我。

因为口供不一,案子一时不能定下来。

现在,我们假定这四个人中只有一个说真话,请问:罪犯是谁?

我们再假定这四人中只有一个人说假话,请问:罪犯又是谁?

为了清楚了解这四个人口供之间的关系,我们先将他们的口供简化如下:

甲:我不是罪犯。

乙:丁是罪犯。

丙:乙是罪犯。

丁:我不是罪犯。

在这里,乙与丁的口供是互相矛盾的两个判断。

按排中律,两个互相矛盾的判断,不能同假,其中必有一真。又根据第一个假定,四个人中只有一个人说真话,因此说真话的要么是乙,要么是丁;甲和丙说的必是假话。丙说假话,只能证明乙不是罪犯;而甲说假话,则正好表明他是这个案子里的罪犯。

按矛盾律,两个互相矛盾的判断,不能同真,其中必有一假,所以在乙和丁两人中必有一人说假话。又根据第二个假定,四个人中只有一个人说假话,所以甲和丙必说真话。甲说真话,证明他不是罪犯;而丙说真话,则证明乙就是这个案子里的罪犯。

所以,本题的答案是:如果这四个人中只有一个人说真话,那么这个案子的罪犯就是甲。如果这四个人中只有一个人说假话,那么这个案子的罪犯就是乙。

第六章
或然性推理也应合乎逻辑

前面各章讲的是演绎推理,属必然性推理。本章将要讲述的是非演绎的推理,属或然性推理。这种推理不像演绎推理那样有严格的规则可以遵循,因此其前提真而结论假并非是不可能的,而演绎推理的推理形式只要合乎推理规则,其前提真而结论假就是不可能的。因此,对这种推理来说,只要其结论的得出有一定的根据,即得到了前提的一定程度的支持,就可以认为它是有合理性的,因而也就是可以接受的。这就是或然性推理(如归纳推理)和必然性推理(即演绎推理)在推理合乎逻辑上的不同含义和要求。这类或然性推理主要有归纳推理、类比推理和假说。下面分别予以介绍。

一、归 纳 推 理

(一) 什么是归纳推理

我们先看看已故著名作家徐迟在《哥德巴赫猜想》一文中的一段话:

1742 年,哥德巴赫写信给欧拉,提出了每个不小于 6 的偶数都是二个素数之和。例如,$6=3+3,24=11+13$,等等。有人对一个一个偶数都进行了这样的验算,一直验算到了三亿三千

万之数,都表明这是对的。但是更大的数目,更大更大的数目呢?猜想起来也该是对的。

这是徐迟对"哥德巴赫猜想"最初提出时的情况的介绍。由此可见,哥德巴赫猜想的提出是基于对一部分偶数(例如6,24,等等)的考察,发现它们都是二个素数之和,于是提出猜想:每个不小于6的偶数都是二个素数之和。

很显然,这一猜想是运用一定的推理形式和方法得出来的。那么,是运用了什么推理的形式和方法呢?简单地说,就是运用了归纳推理的形式和方法,而且是运用了归纳推理的一种基本形式,即不完全归纳推理的形式和方法,那么,什么是归纳推理?什么又是不完全归纳推理呢?

归纳推理就是由个别知识的前提推出一般知识的结论的推理。

比如,鲁迅先生在讲述人的经验的作用时,曾写过这样一段话:

大约古人一有病,最初只好这样尝一点,那样尝一点,吃了毒的就死,吃了不相干的就无效,有的竟吃到了对症的就好起来,于是知道这是对于某一种病痛的药。这样地累积下去,乃有草创的记录,后来渐成为庞大的书,如《本草纲目》就是。

这段话的意思是说,任何一种草药,人们所以会发现它能治好某种疾病,都是由于前人无数次经验(成功的与失败的)的积累。一种草无意中治好某一种病,第二次、第三次、……都治好了这一种病,于是人们就把这几次经验积累起来,作出结论说:"这种草能治好某一种病。"这样,一次次个别的经验的认识,就上升到对这种草药能治好某一种病的一般性认识。而这个认识过程就是一个运用归纳推理的过程。

上述的推理过程,用公式可表示为:

S_1 是 P

S_2 是 P

S_3 是 P

(S_1、S_2、S_3 是 S 类的分子)

───────────────

所以,S 是 P

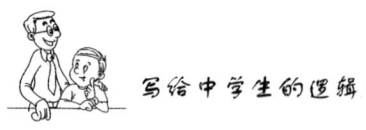

从这一公式可见,在归纳推理的过程中,作为其推理根据而考察过的某类对象的分子可以是该类对象的全部个别对象,也可以是其部分个别对象,亦即上述公式中S_1、S_2、S_3可以是S类的全部分子,也可以是S类的部分分子。按此,就可以把归纳推理区分为完全归纳推理与不完全归纳推理。

完全归纳推理是这样一种归纳推理:根据对某类对象的全部个别对象的考察,已知它们都具有某种性质,由此得出结论说:该类对象都具有某种性质。

完全归纳推理可用公式表示如下:

S_1具有(或不具有)性质P

S_2具有(或不具有)性质P

S_3具有(或不具有)性质P

……

S_n具有(或不具有)性质P

(S_1,S_2,S_3,…,S_n是S类的全部个别对象)

所以,所有S具有(或不具有)性质P

可见,完全归纳推理的基本特点在于:前提中所考察的个别对象,必须是该类对象的全部个别对象。否则,只要其中有一个个别对象没有考察,这样的归纳推理就不能称做完全归纳推理。完全归纳推理的结论所断定的范围,其实并未超出前提所断定的范围。所以,结论是由前提必然得出的。也正因为这个原因,有些逻辑学家认为完全归纳推理实质上应属于演绎推理。应用完全归纳推理只要遵循以下两点,那么结论就必然是真实的:① 对于个别对象的断定都是真实的;② 被断定的个别对象是该类的全部个别对象。

比如,某班级的英语老师阅完试卷后,根据每张试卷的成绩都在60分以上,他高兴地得出结论:这个班级的每个学生的英语成绩都在及格线以上。这里运用的归纳推理就是完全归纳推理。

这也就说明,完全归纳推理的前提是关于个别对象的判断,而结论则是关于一般性知识的判断,它是对某类对象、现象的一切个别情况认识的概括,使认识从个别上升到一般。这也就是完全归纳推理在认识中的作用。

那么,什么又是不完全归纳推理呢?前面所讲哥德巴赫猜想的提出,运用的就是不完全归纳推理。下面我们再看一个例子。《内经》是我国最古的一部医学宝典,在《内经》的《针刺篇》中记载了这样一个故事:

> 有一个患头痛病的樵夫上山去打柴,一次,不慎碰破了足趾,出了一点血,但他却感到头部不痛了。当时,他没有在意。后来,他头痛病复发,又偶然碰破了上次碰破过的足趾,头部的疼痛又好了,这次引起了他的注意。于是,以后凡是头痛复发时,他就有意地刺破该处,结果,都有减轻或制止头痛的效应。这个樵夫所碰的部位,就是现在所称的人体穴位中的"大敦穴"。

为什么这个樵夫后来每逢头疼病复发时,就去刺大敦穴呢?这是因为他从自己多次经历中经过归纳而得出了一个一般性的结论:凡是刺破足趾的这个部位,就会减轻或制止头痛。这就是不自觉地运用了不完全归纳推理的一种具体类型——简单枚举归纳推理。

可见,不完全归纳推理是这样一种归纳推理:在前提中对某类对象的部分个别对象作了考察,发现它们具有(或不具有)某种性质,于是在结论中断定该类对象的一切个别对象都具有(或不具有)某种性质。而所谓简单枚举归纳推理,则是根据某种事例的多次重复而未发现相反情况,从而作出一般性结论的一种不完全归纳推理。

比如,我们发现每次下大雨之前,都有蚂蚁搬家的现象,而没有发现蚂蚁搬家,天不下雨的情况,于是就据此作出一个一般性的结论:"凡蚂蚁搬家,天必下雨。"再如,我们发现每年冬季下了大雪,第二年庄稼就会获得丰收,而没有发现相反情况,于是我们又据此作出一个一般性的结论:"瑞雪兆丰年。"这些都是简单枚举归纳推理的具体运用。

这种推理可用公式表示如下:

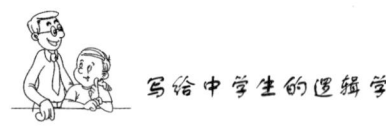

S_1 具有(或不具有)性质 P

S_2 具有(或不具有)性质 P

S_3 具有(或不具有)性质 P

……

S_n 具有(或不具有)性质 P

($S_1, S_2, S_3, \cdots, S_n$ 是 S 类的部分个别对象,在观察中没有发现相反情况)

所以,所有 S 具有(或不具有)性质 P

根据上述说明,我们就不难理解,那位樵夫所以得出"凡是刺破足趾的这个部位,就会减轻或制止头痛"这个一般性结论,正是运用了简单枚举归纳推理而得出的。他的具体推理过程是这样的:

第一次碰破足趾这个部位,头痛好了

第二次碰破足趾这个部位,头痛好了

……

(没有出现相反的情况,即碰破足趾这个部位而头痛不好的情况)

所以,凡是碰破足趾这个部位,头痛都会好

从上述分析中,我们可以看出,简单枚举归纳推理所以能从对某类对象的部分个别对象的考察,而推出有关该类对象的全部个别对象的一般性结论,仅仅是根据没有发现相反的情况。而这一点对于作出一个一般性的结论来说,虽然是必要的,却并不是充分的。因为没有碰到相反的情况,并不等于排除了相反情况存在的可能性,而只要有相反情况的存在,即使只碰到一次,它所得出的一般性结论就是错的。因此,简单枚举归纳推理的结论具有或然性(即可真可假),我们只能将它作为进一步研究的线索,而不能作为论证的根据。就前述那位樵夫的发现来说,那也只是为后来人们的研究提供了线索。刺大敦穴能治头痛,只有经过了后来人们的反复实践、反复研究才确定下来的。

(二)在归纳推理中过分夸大归纳推理的合理性而常犯的逻辑错误

在运用简单枚举的不完全归纳推理的时候,如果我们能够不停留在仅仅

第六章　或然性推理也应合乎逻辑

是根据在考察中、在经验中没有碰到相反情况就作出推论,而是进一步去选择一类对象中较为典型的个别对象去加以考察,并在作出推论时,去进一步分析所考察的这部分个别对象何以具有(或不具有)某种性质,而不存在相反性质的原因和内在必然性,那么建立在这样分析、研究基础上所进行的不完全归纳推理自然就具有了更多的合理性,其结论也就相应有更多的可靠性。一般的逻辑论著中就将这种不完全归纳推理称为科学归纳推理。

但是,如果在进行不完全归纳推理时,主要运用的简单枚举归纳推理,而所枚举的某类对象中的部分个别对象,又只是该类对象中的非典型的、随机碰到的个别对象,而且仅仅是根据在这少数个别对象中没有发现相反情况,就仓促作出推论:该类对象全部都具有(或不具有)某种性质,那么我们就会犯轻率概括的逻辑错误。

且看冯梦龙编《警世通言》中《王安石三难苏学士》一篇所讲述的王安石教训苏东坡的一个故事:

有一天,苏东坡去看望宰相王安石,恰好王安石出去了,苏东坡在王安石的书桌上看到了一首咏菊诗的草稿,才写了开头两句:

西风昨夜过园林,吹落黄花满地金。

苏东坡心想:"西风"就是秋风,"黄花"就是菊花,菊花最耐寒,耐久,敢与秋霜斗,怎么会被秋风吹落呢?说西风"吹落黄花满地金"是大错特

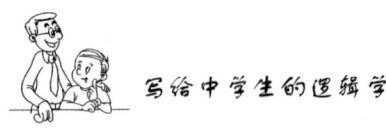

错了。这个平素颇为恃才傲物、目中无人的翰林学士,也不管王安石是他的前辈和上级,提起笔来,续诗两句:

秋花不比春花落,说与诗人仔细吟。

王安石回来以后,看了这两句诗,心里很不满意。他为了用事实教训一下苏东坡,就把苏东坡贬为黄州团练副使。苏东坡在黄州住了将近一年,到了九月重阳,这一天大风刚停,苏东坡邀请好友陈季常到后园赏菊,只见菊花纷纷落瓣,满地铺金,这时他想起给王安石续诗的往事,才知道原来是自己错了。

从归纳推理的角度来说,苏东坡续诗中所犯的错误就是一种轻率概括的错误。轻率概括(也称"以偏概全"),是归纳推理过程中自觉或不自觉地夸大归纳推理的合理性而容易出现的一种逻辑错误。它是只根据少数的个别事实,就推出一般性的结论,并且把这个结论看作是必然的、无可怀疑的论断。

苏东坡平时看到的菊花,都是只会枯萎,不会落瓣的,因此他就得出了"天下的菊花都是不会被秋风吹落的"这个一般性结论。他用这个全称肯定判断来衡量王安石的咏菊诗,就认为王安石的诗写得不对。等他在黄州住了将近一年之后,才知道自己的结论是错误的。因为黄州这个地方的菊花,是会被秋风吹落的。出现了相反的情况,苏东坡通过简单枚举归纳法得出的一般性结论,自然也就不能成立了。

二、类比推理

(一) 什么是类比推理

先看看张举烧猪断案的故事:

吴人张举任句章县令时,有妻子害死丈夫,并放火烧了住房,宣称"丈夫被烧死了"。丈夫的其他亲属怀疑是她害死了自己的丈夫,告到官府,张举受理了此案。那妻子拒不认罪,张举就命令带来两口猪,弄死一口,另一口活着。然后堆积柴禾,把死、活的两猪都放入柴堆内焚烧,结果活着烧死的猪嘴里有烟灰,死猪烧后的嘴里无灰。然后,再检验那丈夫的尸体,嘴里也没有烟灰,据此,再审问那妻子,她只得认罪了。

从上述张举烧猪断案的过程来看,张举正是运用了类比推理的形式和方法,从活猪烧死后口腔中有灰,而死猪焚烧后口腔中无灰的事实,类推出如果该妻子的丈夫确系被火烧死,则其口中就应有灰;只有人死后再被焚烧,其口中才会无灰;既然丈夫的尸体口腔中无灰,自然就可类推出他是死后才被火焚烧的。由此也就可进一步审向那位妻子为何要害死她的丈夫了。

可见,类比推理是这样一种推理或一种逻辑方法:根据两个或两类对象在某些性质上的相同,推出它们在另外的性质上(这种性质已为类比的一个或一类对象所具有,而在另一个或另一类对象那里尚未发现)也相同。

比如,当某些天文学家对土星的第六颗卫星(简称"土卫六")进行观察分析时,发现它的大气层和地球一样厚,大气组成和地球早期孕育生命时的大气组成也相似。由此,这些天文学家再根据地球上早已有生命存在的事实,进一步作出推论说:土卫六也有生命存在。这种由地球与土卫六在某些性质上相似,进而推论它们在另外的性质(有生命存在)上也相似的推理,就是类比推理。

类比推理过程,可用公式表示如下:

对象 A 有性质 a、b、c、d
对象 B 有性质 a、b、c
———————————————
所以,对象 B 有性质 d

(二)类比推理结论的性质和提高其结论可靠性程度的方法

类比推理何以可能呢?其合理性的根据何在呢?

类比推理之所以能从两个或两类对象在某些属性上的相同而推出它们在另外的属性上也可能相同的结论,是有其一定的客观根据的。任何一个或一类客观事物都有着许许多多的属性,而这些属性之间并不是彼此孤立的、毫不相干的,而总是相互制约、相互联系。因此,如果两个或两类事物在一些属性上是相同或相似的,那么基于属性之间存在着相互联系和相互制约的关系,它们也就有可能在另一些属性上也相同或相似。可见,客观事物的属性之间的这种相互联系和相互制约的关系就成为了类比推理之所以可能的客

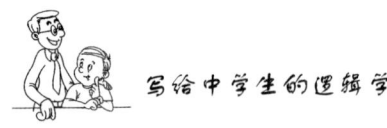

观根据,这也就是类比推理的合理性之所在。比如,一个人学习效率的高低总是和一个人的学习态度的是否端正(是否认真、刻苦),学习方法的好坏以及思维能力的高低……有密切关系。既然如此,当我们已知甲、乙两个同学在学习态度、学习方法和思维能力等方面都大致相同或相似时,现又知甲已考上了高一级的一所水平较高的学校,而乙是否也考上了同类的学校暂时还不知道。但我们根据他们二人在学习态度等方面大致相同的情况,就有理由相信(推论):乙也可能考上了同类水平的学校。

但是,我们也必须认识到,两个或两类对象不论有多少相同之处,它们总有不同之处,否则就不会是两个或两类对象。既然总有不同之处,那么为一个对象所具有而另一个对象是否具有尚不可知的那种属性,可能正是二者相互区别的所在。在这种情况下,由二者在其他属性上相同或相似而推出它们在另外属性上也相同的结论,就会是一个错误的结论。因此,类比推理的结论只具有或然性,即可能真,也可能为假。为此,就必须想办法来提高类比推理结论的可靠性程度,以便更好地运用这种推理形式来获得较可靠的认识。

那么,如何来提高类比推理结论的可靠性程度呢?有什么途径和方法呢?

一方面,要尽可能从两个或两类对象较本质的属性去进行类比。因为已知的类比属性较本质,表明两个或两类对象在性质上更加接近,其性质之间的联系更具有必然性,由此推出的结论也就更加可靠。比如,根据两个人在性别、身高、家庭条件等方面的相同或相似而推论他们在学习效率、学习成绩上也会相似,这样推出的结论就自然不会可靠。因为上述那些已知的共同属性和将要推出的属性之间,一般说来没有什么必然的联系。而如前所述,根据他们在学习态度、学习方法、思维能力等方面的相同或相似来推知他们在学习效率、学习成绩上也可能相同的结论,其可靠性就会更大一些。因为学习态度等共同属性跟通过推理将要推出的属性(学习效率、学习成绩)之间,有着较多的本质上的必然联系。

另一方面,要尽可能找到类比对象间更多的共同属性。因为类比对象的共同之处越多,越能表明它们将是同类对象,因而它们也就越有可能在其他属性方面也是相同的或相似的。反之,如果仅仅凭少数的相同或相似,就推论出它们在另外的属性上也相同,这样的结论大多是不可靠的。因为任何两个或两类对象之间,都可以找出一些共同点,如果以此为据,其结论的可靠性自然就很低了。更有甚者,如果将两个或两类本质不同的对象,按其表面的相似机械地加以类比而得出某种结论,那就会犯机械类比的逻辑错误。比如,中世纪基督教的某些神学家是这样来"证明"上帝的存在的:宇宙是许许多多部分所构成的一个和谐的整体,正如同钟表是由许多部分构成的和谐整体一样,而钟表有一个创造者,所以宇宙也应有一个创造者——上帝。这种把两类性质根本不同的对象,按其表面的相似之处,机械地加以类比而推出结论,就是一种典型的机械类比的错误,当然是不合逻辑的,根本证明不了什么。

三、假　　说

(一) 什么是假说

《阅微草堂笔记》卷四《滦阳消夏录四》中,有如下一段记载:

> 雍正壬子六月,夜大雷雨,献县城西有村民为雷击。县令明公晟往验,饬棺敛矣。越半月余,忽拘一人讯之曰:"尔买火药何为?"曰:"以取鸟。"诘曰:"以铳击雀,少不过数钱,多至两许,足一日用矣。尔买二、三十斤何也?"曰:"备多日之用。"又诘曰:"尔买药未满一月,计所用不过一二斤,其余今贮何处?"其人词穷。刑鞫之,果得因奸谋杀状,与妇并伏法。或问:"何以知为此人?"曰:"火药非数十斤不能伪为雷。合药必以硫黄。今方盛夏,非年节放爆竹时,买硫黄者可数。吾阴使人至市,察买硫黄者谁多。皆曰某匠。又阴察某匠卖药于何人。皆曰某人。是以知之。"又问:"何以知雷为伪作?"曰:"雷击人自上而下,不裂地。其或毁屋,亦自上而下。今苫草屋梁皆飞起,土坑之面亦揭去,知火从下起矣。又此地去城五六里,雷电相同。是夜雷电虽迅烈,然皆盘绕云中,无下击之状。是以知之。尔时其妇先归宁,难以研问。故必先得是人,而后妇可鞫。"此令可谓明察矣。

上述这段记载,记录了县令明晟所以能明察案情、正确断案的过程。从逻辑上说,这就是一个在调查研究的基础上,正确地提出假说和验证假说的过程。

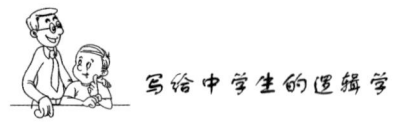

假说,也叫假设,它是根据已掌握的事实材料和科学原理,对某一事物、现象的是否存在,原因及其发展规律所作出的一种推测性的说明。

人们在实践过程中,对客观事物的认识,总要经历一个由现象到本质的复杂过程,并非一下子就能完全认识某一事物的内在规律及本质。因此,人们为了给自己的进一步研究提供某种线索,就需要根据已掌握的事实材料和科学原理,对所研究的事物或现象的是否存在及其原因与规律性作出某种推测性的说明即假说,然后再进一步去验证这一假说。如果验证的结果,假说与事实相符,则假说成立;否则,假说就不能成立,就需要对所研究的对象提出新的假说。这样,也就推动人们的认识不断地深入发展。

县令明晟断案的过程,就是一个提出假说和验证假说的过程。

首先,明晟得知城西有村民为雷所击以后,立即前去查明该村民是否真是被雷所击。在现场查验之后,他很快判明雷击出于伪造。他是通过下述推理来判明这一推断的:

> 如果真属雷电击人(即雷击不是伪造),那么就应自上而下,不裂地,屋毁也应自上而下……
> 但现今"苦草尾梁皆飞起,土坑之面亦揭去"(即不是"自上而下,不裂地……")
> ─────────────
> 所以,不是真属雷电击人(即雷击是伪造的)。

显然,这个推理正确地运用了充分条件假言推理的否定后件式,通过否定其后件而否定其前件,因此"雷击是伪造的"这一推断是成立的。在此,他还对这一推断作了另一个证明。

> 如果是雷电击人,那么由于雷电相同,附近也应出现雷电击人的状况
> 但当夜"雷电虽迅烈,然皆盘绕云中,无下击之状"(即附近未出现雷电击人的状况)
> ─────────────
> 所以,不是雷电击人(雷击是伪造的)

这同样是一个正确的充分条件假言推理的否定后件式,同样证明了"雷击是伪造的"这一推断。

既然雷击是伪造的,那么伪造者又是谁呢?根据上述事实和推断,再根据"火药非数十斤不能伪为雷,合药必以硫黄……",他又提出了这样一个推测(即假说):凶犯必为多买硫黄者。接着,他就设法来论证这一假说。他暗中派人调查谁是大量买硫黄的人,很快查明是某某人。这个人当然也就成为了伪造雷的主要嫌疑犯。但究竟犯罪者是不是此人呢?还必须验证。于是,明晟就将此人拘留而加以询问。经过一系列使"其人词穷"的诘问,发现此人所购火药已用完。既然如此,那就说明此人买火药不是用于"取鸟"。既然不是用于"取鸟",当然就有可能用来伪造雷。到此,假说虽然经受住了验证,但毕竟还只是假说,而不是被完全证明了的事实。只是当明晟对此人施以"刑鞫",即用刑审问,此人招供是因奸谋杀被害者,这时整个假说才最终被证实,成为被证明了的事实。

从上述分析中,我们也会看到,假说具有这样三个显著的特点:① 具有推测的性质;② 必须以一定的事实材料和科学知识为根据;③ 是人们认识接近客观真理的一种形式。

(二)假说的构成及其合理性

一个假说的构成,通常都要经过如下五个步骤:

第一,观察、收集所研究现象的各种情况,占有各种事实材料。

第二,运用有关科学知识,对已占有的各种事实材料进行科学分析,提出假说,即作出有关某一事实是否存在及其原因、规律性的假定。

第三,从假定作出推断,即形成这样一个充分条件的假言判断:如果假定成立,那么就会存在某些推断。

第四,验证这些推断事实上是否存在。

第五,如果推断事实上存在,则假说成立;如果这些推断事实上不存在,则假说不能成立,就应另作假定,提出新的假说。

上述这五个步骤大体可分作两个阶段。前两个步骤是假说的形成阶段,后三个步骤是假说的验证阶段。

在假说的形成阶段里,归纳推理和类比推理起主要作用,即假说的形成和提出大都是运用归纳推理和类比推理的结果;而在假说的验证阶段

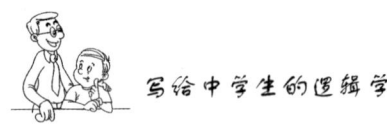

里,演绎推理,主要是充分条件假言推理起了主要作用。

这就表明,假说及其构成的合理性就在于它所依据的推理的合理性和有效性。固然,在验证假说成立时运用的是充分条件假言推理的肯定后件式,即从肯定后件到肯定前件(如果假说成立,则由假说推出的一系列事实应当存在;假说所推出的一系列事实存在;所以假说成立)。而我们知道,充分条件假言推理的肯定后件式并非是一个有效式,即后件的存在并不能证明前件的必然存在。然而,后件(即由假说所推出一系列推断)的存在,总是在不同程度上给前件(即假说本身)的存在以一定程度的支持,总有其一定程度的合理性。也正因为在假说的推断得到证实的情况下,假说本身只得到了一定程度的事实支持,因此不能认定假说本身就得到了完全的证实,成为了相应的科学事实和科学真理。这也就是有的假说虽然提出了多年,由假说提出的一系列推断事实也得到了反复肯定,但它仍然只是假说的原因所在。但是,如果由假说所推断出的一系列事实并不存在,那么假说一般就应被推翻而不能成立。因为在此所运用的是充分条件假言推理的否定后件式,即从否定后件到否定前件,从否定由假说所推断的一系列事实(判明这些事实不存在),进而否定作出这些推断的假说本身。而这种从否定后件到否定前件的否定后件式,却是充分条件假言推理的有效式。

(三)假说的作用

假说在人们的认识活动中,特别是在科学研究过程中有着非常重要的作用,它是科学家发现规律、创造科学理论不可缺少的重要研究方法。恩格斯有一段话,深刻揭示了假说的这种作用:"只要自然科学在思维着,它的发展形式就是假说。一个新的事实被观察到了,它就使得过去用来说明和它同类的事实的方式不中用了。从这一瞬间起,就需要新的说明方式了——它最初仅仅以有限数量的事实和观察为基础。进一步的观察材料会使这些假说纯化,取消一些,修正一些,直到最后纯粹地构成定律。如果要等待定律的材料纯粹化起来,那么,这就等于在此以前要把运用思维的研究停下来,而定律也就永远不会出现。"

恩格斯在这里虽然主要讲的是假说在自然科学领域研究中的作用,但这对社会科学领域中的研究来说也是同样适用的。此外,假说在现代科学决策

的过程中,在刑事侦察的过程中,也同样有着重要的作用。因为科学决策离不开科学预测,而科学预测实际上是一个提出假说和验证假说的过程。同样,刑事侦察的过程,特别是犯罪嫌疑人的确定和审定过程,同样是一个提出假说和验证假说的过程。

下面,我们试举《咬文嚼字》的一位作者在考证错字时对假说的具体运用来说明这一点。

该作者在读梁启超的《中国历史研究法》(岳麓书社1985年9月版)一书时,在其第156页上看到这样一句话:"因彼时史迹太缺乏,片纸只字,皆为环宝。"其中的"环宝"是什么意思呢?他想不清楚。随后在158页上又读到"账簿……用科学方法一为研究整理,则其为环宝,宁复可量?"什么是"环宝"仍然不得其解。于是,只好翻阅辞书。但他几乎翻遍了所有的语文工具书仍然查不出"环宝"的踪影。在这种情况下,他只好由自己作出各种推测来:这个"环宝"可能是"瑰宝"之误。但仔细一想,"瑰"怎么误成为"环"呢?这两个字虽然都有一个"王"字作偏旁,但"鬼"和"不"相差甚远,既不形似,又不义近,一般是不应该弄错的。如"环宝"确系"瑰宝"之误。还需另作解释,再作推测。于是,他进一步思考:"环"虽然不易同"瑰"弄错,但"环"的繁体字为"環",而"瑰"字在古代又可写作"瓌",而"環"和"瓌"形体非常相近,却是有可能弄混的。于是,他修正了原有的推测,梁启超的《中国历史研究法》的繁体字本可能用的是"瓌"字,后来出版简体字版时,整理者可能把"瓌"误为"環",而"環"的简体字为"环"。由此就使原来的"瓌寶"变成了现在的"环宝"。如果这一推测成立,那么《中国历史研究法》一书的最早繁体字本,现"环宝"处所用字应为"瓌寶"。

据此,他就到图书馆去进一步查证。当查阅到商务印书馆1930年出版的《中国历史研究法》("万有文库"的一种,是该书的初版)时,在相关地方,终于找到了"瓌寶"(瑰宝)二字。这样,作者的推测即假说得到了证实,该假说成为了真实反映客观事实的论断和认识。

第七章
论证要有说服力

一、什么是论证

我们先看一个具体的论证。我国当代已故著名地理学家竺可桢先生,曾用物候学(研究生物的生命活动现象与季节变化关系的科学)方法,对我国古代气候及其变化进行了一系列考察和论证,其中之一是关于三千多年前西安附近、黄河流域一带较现在气候温暖的论证。

论证的主题:古代黄河流域一带较现在气候温暖。

论证的根据:三千年前黄河一带广泛生长竹子,而竹子是适宜生长在温暖的地方的,现在黄河一带已看不到竹子了,现在,竹子主要分布于长江流域、华南、西南等较温暖的地带。为了证明上述论证根据的真而提供的根据有:

1. 根据发掘,在西安附近找到炭化竹节,出土的陶器外形也像竹节。

2. 古代是没有纸的,官方文件最早刻在青铜上,后来都写在竹简上。周朝建都在西安附近的镐京,如果当地不长竹子,怎么能把文件写在竹简上呢?

3. 周朝初年的官方文件中如衣帽、器皿、书籍、家俱及乐器等名称,都是以竹为部首,表示这些东西最初都是用竹子做成的,可见当时竹子和人民生活的关系极为密切。

4. 根据出土的文物表明,当时猎获的野兽中有热带和亚热带动物。

这是有关中国古代气候及其变化的一个有着十分重要意义的发现和论证。竺可桢先生通过对古代西安及黄河流域一带出土文物和有关文献资料的考察和研究,判明了古代西安和黄河流域一带广泛生长着只适宜生长在温暖地带的竹子(现今黄河流域一带已见不到竹子了),从而论证了古代黄河流域一带的气候较现在温暖。在此论证过程中,其所依据的考古发掘的出土文物和文献资料是翔实可靠的,用这些历史事实(出土文物所表明的)和文献资料所作出的推断是合乎逻辑的。比如,根据考古发掘中发现炭化竹节以及已有的和新发现的大量竹简的存在就可以作出结论:当时当地广泛生长着竹子。得出这一推断所用的推理是:

如果当时当地没有广泛生长着竹子,就不可能有大量竹子被焚烧
如果当时当地没有大量竹子被焚烧,地底下就不可能发掘出炭化竹节
考古发掘中已发掘出地底下有炭化竹节
_____
所以,当时当地广泛生长着竹子

这个推理所运用的是充分条件纯假言推理的否定后件式,是合乎推理规则的有效推理。再有:

只有当时当地广泛生长着竹子,才会有竹简的大量存在
有竹简的大量存在
_____
所以,当时当地广泛生长着竹子

上述推理所运用的是必要条件假言推理的肯定后件式,这也是合乎推理规则的有效式。

既然如此,竺可桢先生的上述论证无疑是合乎逻辑的、有充分说服力的。

论证是借助于断定一个或一些命题的真实性,通过逻辑推理来确定

另一个命题的真实性或虚假性的思维过程。当然，我们这里所说的论证实际上就是逻辑论证。

按照这一定义，我们就可得出如下几点认识：

首先，论证总是借助逻辑推理来进行的。其实，一个前提真实、形式有效的推理，实质上就是一个论证，只不过两者的思维进程有所不同罢了。推理是从前提推出结论的过程，而论证总是先有论题（相当于推理的结论），然后再围绕论题去寻找有关论据（相当于推理的前提）的过程。这就是说，论证的过程总是一个运用推理的过程，这就是它作为逻辑论证而和那种单纯依靠经验事实和实践活动来判定某一思想真假的实践证明的主要区别所在。

其次，由于论证是借助真实性已经得到判定的某个或某些命题，通过逻辑推理来确定另一个命题的真实性或虚假性的过程，所以论证就既可以是确定另一个命题的真实性的过程，即证明的过程、证实的过程，也可以是确定另一个命题的虚假性的过程，即反驳的过程、证伪的过程。

再次，从论证的定义可见，任何论证都是由论题、论据通过论证方式而组成的。所谓论题也称论点，是其真实性或虚假性需要加以确定的命题，亦即在前述竺可桢关于古代黄河流域气候较现在温暖的论证中我们所说的"论证的主题"。所谓论据，是用来确定论题真实性或虚假性的那些真实性已被断定了的命题，也就是前述例子中所说"论证的根据"。在一个论证中，论据的多少是由确立论题的具体需要来确定的。在一系列论据中，那些最先、最直接引用的论据可以叫做该论证的"基本论据"，如竺可桢论证中提出的"三千年前黄河一带广泛生长着竹子……"。那些由基本论据经过推导所获得的论据，或者那些用来确定基本论据为真的论据，则可称为"非基本的论据"。如前述论证中用来论证"三千年前黄河一带广泛生长着竹子……"所提出的那些论据，等等。

最后，人们在日常生活、学习和工作中，包括在社会生活和人际交往过程中，常常离不开分清是非、辨别真伪，离不开解惑释疑、消除争议、谋求共识。为此，也就始终离不开论辩，离不开辩论。而学会适时地、适当地、有价值地进行论辩，对于每一个中学生来说，不仅是当前学习、生活的需要，是和周围同学、老师正常地讨论问题和和谐相处的需要，更是今后做一个成熟的、有责任感的公民有可能顺利参加社会政治生活、坚持和维护自己民主权利的需

要。而任何一次成功的论辩总是离不开论辩双方通过逻辑论证来证明自己言论的合理性与正当性,或批评与反驳自己所不赞成的他人的主张。换句话说,任何一个论辩过程都离不开对论证的建构与评估,没有论证就无法构成一个成功的论辩。就此而言,逻辑论证在一定意义上构成了论辩的核心。因此,要学会论辩,要想使自己能成功地参加到当前和未来的一切论辩活动中去,就必须首先学会正确地理解和运用逻辑论证。

二、什么样的论证是有充足理由的,因而是有说服力的

如前所述,本章一开始所举出的竺可桢先生关于古代黄河流域一带气候较现在温暖的论证,就是一个有充足理由的、有说服力的论证。为什么呢?

首先,作为该论证理由的论据(即"三千年前黄河一带广泛生长竹子")是真的,而且有大量出土文物和文献资料证明,其真实性是无可怀疑的。其次,这个论据和论题("古代黄河流域一带的气候较现在温暖")之间有必然的逻辑联系,因而论据的真对于证明论题的真来说,是足够的、充分的。

具体来说,这个论证是建立在下述有效推理的基础之上的:

只有气候温暖的地带,才有竹子生长

古代黄河流域一带有竹子生长

所以,古代黄河流域一带是气候温暖的地带

(在土壤、竹子生长习性等基本保持不变的条件下)

只有气候变冷了,竹子才不会生长

现代黄河流域一带竹子已不会生长

所以,现代黄河流域一带气候变冷了

这就表明,如果一个论证的论据是真实的,而且从论据中可以必然地推出其论题来的,那么该论证就是合乎逻辑的、有说服力的。而这两点要求恰恰是传统逻辑的充足理由律的逻辑要求。因此,我们可以更简单地说:一个论证,只要遵守了传统逻辑的充足理由律的逻辑要求,该论证就是合乎逻辑

的、有说服力的。也正因此,我们认为传统逻辑的充足理由律就是逻辑论证所必须遵守的基本逻辑原则。

那么,什么是充足理由原则?它的基本内容和基本逻辑要求又是什么呢?

作为正确论证基本逻辑原则的充足理由原则,即传统逻辑的充足理由律,其基本内容是:在思维过程中,一个正确思想的存在和成立总有其充足理由。就论证来说,在任何论证过程中,一个论题被确定为真,总有其充足理由。

充足理由原则的公式可表述为:

A 真,因为 B 真并且由 B 能必然推出 A

公式中的"A"表示论证中其真实性需要确定的命题或思想(即论题),"B"表示用来确定 A 真的一个或一组命题(即论据)。由于 B 真并且 B 能必然推出 A,所以 B 就是 A 的充足理由。可见,所谓充足理由就是一个正确命题和思想得以成立的真实而足够的根据。有了这样的根据(即理由),就能合乎逻辑地推出另一个命题和思想(即推断)。这就是说,在逻辑论证中,理由与推断、论据与论题之间的关系应当是充分条件的关系。

充足理由原则在论证过程中的基本逻辑要求就是:第一,理由(作为论据的命题)应是被断定为真的命题;第二,理由(作为论据的命题)和推断(作为论题的命题)之间应当具有逻辑上的必然联系,即论题应当是合乎逻辑地由论据必然推出。

也就是说,论证方式(即论证所运用的推理形式)应当是合乎逻辑规则的,即形式有效的(就运用演绎推理进行的论证而言),至少应当是充分合理的(就运用归纳推理进行的论证而言)。如:

数学老师向学生张威提问:"13 是素数吗?"
张威想了想后说:"13 是素数。"
老师又问:"为什么?"
张威回答说:"这是因为 13 只能被 1 和它自身所整除。而一个数如

果只能为1和自身所整除,那么这个数就是素数。"

老师当即肯定了张威的回答是完全正确的。

张威的回答所以完全正确,就在于其回答中所包含的逻辑论证过程符合充足理由原则的要求,理由真实,推论合乎逻辑。这具体表现在如下一个有效推理上:

如果一个数只能为1和其自身所整除,它就是素数
13是一个只能为1和其自身所整除的数

所以,13是素数

相反,如果一个论证违反了充足理由原则的要求,那就会犯逻辑错误。其主要表现是:第一,作为论据的理由本身是不真的,或者是其真实性未为论证者明确断定。由于在论证中论题的真主要是靠论据的真为其提供支持,如果论据是假的,或者其真实性未为论证者明确断定,那么论题的真自然也就不可能得到证明;第二,作为论据的理由和作为论题的推断之间是没有必然联系的,即从论据出发推不出论题。一个论证,无论是出现前种还是后种的错误,该论证都将是不合逻辑的,即缺乏充足理由的,因而也就不可能有说服力而使人信服。

三、怎样才能做到论证有充足理由,因而有说服力

最根本的是既要遵守基本的逻辑思维规律的逻辑要求,又必须遵守作为论证基本原则的充足理由原则的逻辑要求。而这些要求在逻辑论证中的具体体现,就是逻辑论证的有关规则。严格遵守这些规则,就是严格遵守了基本的逻辑思维规律和充足理由原则的逻辑要求,就可以做到论证有充足理由,因而有说服力。

下面,我们试举出一些论证的例子,来具体分析和说明怎样才能避免论证缺乏充足理由,从而做到论证合乎逻辑、有说服力。

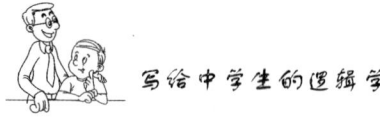

（1）某报曾刊登一篇通讯，其标题亦即其论题是"积极建设无水草原"。

（2）某报曾刊载一篇哲学理论文章，文章题目亦即其中心论题是"黑格尔批判形而上学的局限性"。

这两例存在的问题都属于论题的问题，它们都在不同程度上存在着论题不明晰的逻辑错误。例（1）中的"积极建设无水草原"，按其论题的本意，应当指积极建设那些"无水"的草原，即缺水的草原，使之成为水草丰盛的草原。但按论题本身的字面意义来看，一般都会将其理解为积极地去把草原建设成为"无水草原"，这显然是与其本意相左的。因此，这一论题就是一个含义不明、表述不清的论题。例（2）中的"黑格尔批判形而上学的局限性"是一个基于句子结构不严谨而引起歧义的论题。它既可以理解为黑格尔所批判的是"形而上学的局限性"，也可理解为黑格尔对形而上学的批判本身存在着"局限性"。

这种论题表述不清的错误，在逻辑学上就称为"论旨不明"的错误。如前所述，论题乃是论证的中心、主题，如果人们在论证中，对自己所要论证的主题不明确、不清晰，那又怎么可能去有效地组织论据对其进行有说服力的论证呢？为了使论证合乎逻辑、有说服力，必须首先做到论题明确，即自己主张什么、赞成什么，以及反对什么是必须明确而不含糊的，否则就不可能有理由充足的、有说服力的论证。

（3）日本影片《寅次郎的故事》有这样的情节：立志重新做人的少年寅次郎，戴着眼镜在大街上大摇大摆地走来走去。曲博见了，与之有下述一段对话：

曲：你以为戴上眼镜就有学问了吗？

寅：你是说气质吧！这当然很重要。要是戴上新兜裆布，就体健貌美了。

曲：现在说的是眼镜，不是兜裆布！

寅：打个比方嘛！你也戴着兜裆布吧？如果是新的，你不也感到舒服吗？

曲：我穿的是裤衩。

寅：啊?! 你穿裤衩？我不能同你这种穿裤衩的家伙谈话！

（4）在一次考试中，老师发现一位学生老是偷看旁边同学的答卷，就生气地对该学生说："吕平，你这是第四次偷看旁边同学的考试卷子了！"

吕平却回答说："老师，不是我一再地偷看，实在是因为他写的字太潦草了。"

（5）在火车车厢里，一位先生刚刚把一只沉重的箱子放在一位女士的头顶上方的地方，女士抬头看看，担心地说："先生，您的箱子要是掉下来怎么办？"这位先生却回答说："太太，您不必担心，里面没有易碎品。"

以上三例存在的问题仍属于论题方面的问题，它们都没有保持论题在论证过程中的确定与同一，犯了混淆、转移或偷换论题的错误。比如，例（3）中的寅次郎在同曲博的对话和争论中，总是故意不保持谈话和争论的论题的确定和同一，一而再，再而三地把一个问题（论题）转移为另一个问题（论题）。这是一种典型的偷换论题的错误。例（4）中的吕平，当老师指出他"这是第四次偷看旁边同学的考试卷子"时，老师的意思非常明确，就是指他的行为已经多次违反了考场纪律，但吕平却回答说"因为他（指邻座的同学）写的字太潦草了"，意思是说，因他写的字太潦草了，我一次无法看清楚，只好多次去看。这样一来，他就把自己违反考场纪律的问题说成是一个他不得不多看几次的问题。这明显也是一种故意转移和偷换论题的错误。例（5）中的那位先生，明知该女士所说"先生，您的箱子要是掉下来怎么办"所隐含的担心（即"箱子掉下来砸上我（女士）的头怎么办？"），却故意将其转换为"太太您不必担心，里面没有易碎品"，这就把女士提问中所隐含的担心掉下来砸到头的问题，偷换为担心箱子里可能有玻璃等易碎物，如掉下后会使易碎物砸坏的问题。这同样是一种明显的转移和偷换论题的错误。

由于论题是整个论证活动所围绕的中心和主题，因此在论证过程中，不能保持论题的同一，那就将使论证过程漫无边际地东拉西扯，不可能有任何有效的、合乎逻辑的论证。因此，一切论证都必须做到在同一论证过程中，论题应始终保持同一。只有如此，论证才有可能是合乎逻辑的、有说服力的。

把上述有关论题的种种逻辑错误概括起来，就从反面警示我们：要使论证合乎逻辑、有说服力，就论题来说，必须遵守两条规则：第一，论题必须明确;第二,论题必须在同一论证过程中,始终保持同一。很显然,这两条规则集中地体现了同一律在逻辑论证过程中的逻辑要求,因而是我们在任何论证过程中都必须自觉遵守的。

下面,再分析有关论据的规则。还是先来看几个例子:

(6) 某味精厂开发新产品,业务部主任在产品开发计划书中写道:新产品鲜为人知,需加大广告力度,申请广告宣传经费20万元。厂长阅后十分得意,提笔批示:既然鲜为人知,广告费可另作他用。

(7) 在飞机上,乘客甲(小伙子)和乘客乙(老人)坐在一起。

乘客甲:请问,现在几点了?

乘客乙:我不能告诉你。我要是告诉你现在几点钟,你就会向我表示感谢。这样,话匣子一打开,就不容易收场了。过一会,我们一下飞机,你就会请我进咖啡馆。我也会请你到我家作客。我家有个小女儿,她长得很漂亮。于是,你就会爱上她,她也会爱上你。然后,你们就决定结婚。可是,你要知道,我是决不会把女儿嫁给一个连手表也没有的穷光蛋的。

(8) 一位律师正在为一位被指控有盗窃罪的人辩护:"我的当事人仅仅是把手臂伸进窗户拿走了一些不值钱的东西。他的手臂并不代表他自己。可法庭竟要惩治他整个人,而保护起他有罪的手臂。"

"那好吧。"法官说:"按照你的逻辑,我宣布被告的手臂有罪,入狱一年。被告要不要一起前往,他自己选择吧!"

被告脸上露出了笑容。在律师的帮助下,被告取下了他的假手臂放在长椅上,然后离开了法庭。

以上三个例子都是涉及在论证过程中论据方面的错误,而且都是直接或间接地没有能做到论据是真的而引起的错误。比如,例(6)中的厂长,所以批示"广告费可另作他用",即对开发计划书中申请广告宣传费不予批准,其理由即论据是该味精厂出厂的新产品"鲜为人知"。"鲜为人知"的本意是极少为人所知,该厂长却将其曲解为新开发的味精产品,其"鲜"已为人所知,既已为人所知,宣传新产品就没必要了,故"广告费可另作他用"。这种建立在曲解语词(词组)固有含义基础上的论据,自然就成为了一个虚假论据。

例(7)和例(8)同样属于在论据方面出现了逻辑错误,但与例(6)略有不同。例(7)是把真实性尚未得到判明的论据用来论证论题的真实性。在例(7)中,乘客乙进行了一系列的推论:告诉你几点钟⇒你会表示感谢⇒我们会打开话匣子⇒你请我进咖啡馆⇒你就会到我家作客⇒你会爱上我的小女儿⇒我的小女儿会爱上你⇒你们决定结婚。这一切虽是可能的,但却只是假设的,其真实性并未得到判明。把立论建立在这种假设的基础之上,犹如把房子建在沙滩上,论题的真是不可能得到证明的。这种真实性未得到判明的论据即理由,逻辑学上称为"预期理由"。乘客乙的错误正是犯了这种"预期理由"的错误。

例(8)中的法官之所以被被告的律师钻了空子,作出被告的手臂需入狱一年的判决,以至被告脱下假手臂后得以合法离开法庭,原因就在于法官把在一般情况下手臂与身体是不可分的,"判手臂入狱也就等于判整个人入狱"这一相对于正常人而言皆为真的命题,视为在一切情况下都是真的命题,而将其应用于一个特殊情况,即安装假手臂者(其手臂可以离开整个身体),以至在仅判其手臂有罪后,安装假手臂者可放下假臂后自由离去。这种错误在逻辑学上就之为"以相对为绝对"的错误。

以上三例可见,为了论证合乎逻辑,有充足理由,对于论据来说,必须要求论据是真实的,而且其真实性应当是被判明了的。否则,就会犯"论据虚假"的逻辑错误,如例(6);或者犯"预期理由"的错误,如例(7)。而且,还

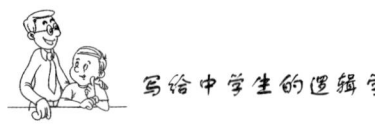

要注意不能把在一定条件下是真实的命题，当作在一切条件下均为真的论据来使用，否则就会犯"以相对为绝对"的逻辑错误。

除上述以外，关于论据，还有一条重要的规则。先看下例：

（9）鲁迅先生在《论辩的魂灵》一文中，列举了当时社会上一些反对新思想的人反对改革的奇谈怪论。其中一段为："卖国贼是说谎的，所以你是卖国贼。我骂卖国贼，所以我是爱国者。爱国者的话是最有价值的，所以我的话是不错的，我的话既然不错，你就是卖国贼无疑了。"

（10）一个路人与乞丐的对话：

路人："你为什么求乞？"

乞丐："因为需要钱买酒喝。"

路人："那你为什么要喝酒？"

乞丐："好有勇气求乞。"

上述两例都涉及当用论据的真来判明论题的真时，其论据的真又依赖于论题去说明。比如，例（9）中的所谓爱国者，一开始是用"你是卖国贼"作为论据来论证"我是爱国者"这一论题，随后又用"我是爱国者"作为论据来证明"你是卖国贼"。这样一来，"我是爱国者"和"你是卖国贼"这两个命题在同一论证过程中就互为论据。例（10）中的乞丐也同样如此。他先是以"需要求乞"为论据来论证他"需要钱买酒喝"，随后又以"需要喝酒"为论据来论证他"有勇气求乞"。简单地说，即以"求乞"来论证"喝酒"，又以"喝酒"来论证"求乞"。这种将论据的真依赖于论题来说明的论证就是一种循环论证，而循环论证使论据与论题互为论据，其结果只能是什么也未能证明。因此，为了保证论证合乎逻辑，有充足的理由，就必须使论据的真实性不能依赖于论题来说明。否则就会使论证陷入"循环论证"的错误。

概括上述，为了论证合乎逻辑，有说服力，就论据来说，必须遵守下述两条规则：第一，论据应当是真实的，而且其真实性应当是已被判明了的；第二，论据的真实性不能依赖论题来说明。很明显，这两条规则实际上就是充足理由原则的逻辑要求的具体体现。

最后,再分析和说明关于论证方式的规则。还是先看下面的例子:

(11) 某中学高一班的两位同学小蒋和小申在学校旁的马路上散步。忽然,一个外国人向他们走近,并用英语向他们询问起来。他们虽然正在学习英语,但那位外国人讲得很快,他们根本听不明白。正在尴尬之际,一位青年人走了过来,很快弄清了那位外国人要询问的问题,并相互亲切地交谈起来。小蒋和小申带着极为羡慕的眼光注视那位青年人。小蒋说:"这个人肯定是个翻译。"小申问:"你怎么知道?"小蒋回答说:"你不是看到,他英语讲得很好嘛!"小申想想后说:"这倒是很有可能。"

(12) 甲、乙二人有如下一段对话:

甲:我在马路上经过仔细观察,终于找到纺织业不景气的原因。

乙:真的?那你说说看。

甲:历来都是女士和小姐们在服装上翻花样,可是,现在的女士和小姐们穿得越来越少了。过去,一件衣服的料子,现在可以做三件。这样,就有三分之二的纺织厂只好关门大吉了。

(13) 在中世纪的欧洲,亚里士多德是至高无上的权威。亚里士多德认定人的神经是在心脏汇合,而当时的解剖学家已发现事实并非如此。于是,一些解剖学家就请宣传亚里士多德的经院哲学家去看人体解剖。不料,经院哲学家们看后竟说:"您清楚明白地使我看到了一切,假如在亚里士多德的著作中没有与此相反的说法,即神经是在心脏里汇合的,那我也就必定承认神经在大脑里汇合是真理。"

以上三例都涉及论证方式,而且稍加分析就会使人感到,它们都存在大致相同的问题:从它们的论据出发不可能必然推出它们的论题。比如,例(11)中的小蒋何以会认定"这个人肯定是个翻译"呢?他提出的论据是"他英语讲得很好"。这表明他在论证中使用了下述这样一个省略了大前提的三段论:

(英语)翻译是英语讲得很好的(被省略前提)

这个人是英语讲得很好的
————————————————
所以,这个人(肯定)是翻译

然而,这个三段论却违反了中项在前提中必须至少周延一次的规则,犯了中项一次也不周延的逻辑错误。因为其中项"英语讲得很好的"是两个肯

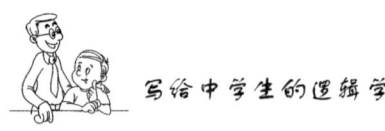

定命题的谓项,都是不周延的,因而该推理是一个无效的三段论。既然是无效的三段论,其前提就不能必然推出结论,论据也就也就证明不了论题。在逻辑学上,这样的论证错误就称为"推不出"(或"不能推出")的逻辑错误。

在例(12)中,甲提出的论题,虽然隐涵着对某些妇女时装过露的某种讽刺,但仅仅根据一些妇女衣着的表面现象,以此作为论据来解释(亦即论证)"纺织业不景气"(论题)的现实,即使其论据所提供的理由也是一种理由,那也不过是一种表面理由或者说片面理由,而不是"纺织业不景气"这一论题得以成立的充足理由。因而也犯有"推不出"的逻辑错误。

例(13)中所说的那些中世纪的经院哲学家们,他们之所以要顽固地坚持"神经是在心脏里汇合的"这一与人体解剖事实"神经是在大脑里汇合"相违背的观点(即论题),只是因为这一观点是他们崇拜的权威,即亚里士多德所提出的。这种不顾科学事实而仅仅以某个权威的言论(或以某个人的地位,品德等)作为论据来确立论题为真的错误,就是论证过程中的一种"以人为据"的逻辑错误。以人为据并不能保证论题必然从论据中推出,因此这同样是"推不出"的逻辑错误的一种表现。我们在论证过程中不时遇到的"因人纳言"、"因人废言"等等,都是这种"以人为据"错误的不同表现形式。

概括上述情况不难发现,为了使论证有充足理由、有说服力,还必须对论证中的论证方式提出一条规则:论据必须能合乎逻辑地推出论题。这就是说,论据要成为论题的充足理由,论证过程所使用的推理就必须或者遵守必然性推理的推理规则,或者遵守提高或然性推理(主要是归纳推理、类比推理等)结论可靠性程度的基本原则。很明显,这一条规则正是充足理由律的逻辑要求的体现。

上面,我们分别介绍了在论证过程中,有关论题、论据以及论证方式等诸方面所必须遵守的规则。由于这些规则是基本的逻辑思维规律和充足理由原则在论证中的体现,因此无论是论证某论题为真的证明还是论证某论题为假的反驳,任何论证只有全面地遵守了这些规则,才能保证其论证和论证过程是合乎逻辑的,有是充足理由的,因而是说服力的。否则,就会因违反相应的论证规则而使论证不合逻辑,没有充足理由,因而也就没有说服力,达不到论证的目的和要求。

编辑后记

记得2003年"未名人文社会科学是什么"丛书获全国优秀青年读物一等奖不久,《中华读书报》总编辑庄建老师就曾同我商谈,建议做一套面向中学生的学科普及读物。此后,在两次全国青年读物研讨会开会期间,前中宣部出版局局长、现任中国出版工作者协会副主席的伍杰老师也曾跟我谈起为中学生做一套学科普及读物的意义,并希望以"未名人文社会科学是什么"为基础,做得浅显一些,可读性强一些。尤其令我感动的是伍杰老师以70多岁的高龄,在百忙之中,抽出时间把整整三个文件袋的"未名人文社会科学是什么"的读者反馈信件一份不落地读完。此外,伍杰老师和景岩社长(中国青年出版社)在青年读物研讨会上旗帜鲜明地倡导青年读物应引导青年追求真、善、美,并指出青年读物应把普及文化知识,传播先进理念,为青年人成长、成才、成功出版良好的人文读物和科学素养读物当成自己的使命。在此,借"未名中学生学科基础读物"出版之机,对伍杰老师和景岩社长几年来的积极鼓励和大力支持表示衷心的感谢!同时,也衷心地感谢媒体朋友们多年来对我的支持与帮助。

2006年1月9日,在"全国科学技术大会"上,胡锦涛总书记曾经指出:"建设创新型国家是时代赋予我们的光荣使命,是我们这一代人必须承担的历史责任。"用15年的时间建设创新型国家,是党中央在全球化背景下为解决中国深层次经济问题、走持续发展经济之路,提高我国国际竞争力而采取的重大战略决策。这一战略的具

体落实有赖于创新机制的建立、创新精神的倡导以及创新文化的建设,而其中最重要的是创新型人才的培养。因此,北京大学著名经济学教授萧灼基认为:建设创新型国家应将人力资源作为第一资源,把教育当做建设创新型国家、创新性社会的关键,良好的教育体系不仅能培养出大量新科技领域的拔尖人才,也是提高全民族整体素质的必经之路,这就是建设创新型国家最重要的基础。

教育的根本目的在于使受教育者人格得以完善,即塑造学生的健康心理、健全人格和崇高理想,使每个孩子成为性情活泼、有合作意识,自强不息,富有爱心,有创造力,会生活的人。问题是我国目前的教育,重传授,轻方法,重分数,轻能力,重知识,轻智慧,造成学生缺乏创造能力,人格扭曲,过于看重所谓的名分,习惯于非理性攀比,形成过于自我的狭隘人格。功利教育培养出来的所谓"人才"进入社会后由于人文素质的缺乏,明显具有聪明而不高明、精明但缺乏智慧的特点,汲汲于名利而没有与真理为友的追求……这样的"人才"何谈创新!

出版从某种意义上讲属于大教育范畴,大学出版更应有社会承担,为了提高中学生的人文素质(创新的前提)、扩大知识面(创新的基础)、培养综合素质(创新的条件)、拓展思考能力(创新保证),我们策划推出"未名·中学生学科基础读物"丛书,以期在落实胡锦涛总书记提出的建设创新型国家的战略部署方面作出我们出版人应有的贡献。

杨书澜

于学思斋

2009.12